Isaac Lallawmkima
Shailesh Kumar
Madhu Sharma

Efeitos do Inm no rendimento e nos atributos de qualidade da batata

Isaac Lallawmkima
Shailesh Kumar
Madhu Sharma

Efeitos do Inm no rendimento e nos atributos de qualidade da batata

ScienciaScripts

Imprint

Any brand names and product names mentioned in this book are subject to trademark, brand or patent protection and are trademarks or registered trademarks of their respective holders. The use of brand names, product names, common names, trade names, product descriptions etc. even without a particular marking in this work is in no way to be construed to mean that such names may be regarded as unrestricted in respect of trademark and brand protection legislation and could thus be used by anyone.

Cover image: www.ingimage.com

This book is a translation from the original published under ISBN 978-620-2-00387-2.

Publisher:
Sciencia Scripts
is a trademark of
Dodo Books Indian Ocean Ltd. and OmniScriptum S.R.L publishing group

120 High Road, East Finchley, London, N2 9ED, United Kingdom
Str. Armeneasca 28/1, office 1, Chisinau MD-2012, Republic of Moldova, Europe
Printed at: see last page
ISBN: 978-620-7-72138-2

Índice:

Estudos sobre o desempenho e o potencial económico da Gestão Integrada de Nutrientes no rendimento e nos atributos de qualidade da batata *(Solanum tuberosum* L.)

RESUMO

A batata *(Solanum tuberosum L.)*, pertencente à família das solanáceas, é uma cultura intensiva em fertilizantes e requer 160 kg de azoto, 100 kg de fósforo e 100 kg de potássio por hectare. O azoto é um nutriente essencial para um melhor rendimento do tubérculo de batata (caule modificado), que é uma das fontes mais ricas de amido. A aplicação da dose recomendada de azoto através da ureia aumentou o teor de nitratos dos tubérculos e reduziu a relação polpa: casca. Um teor elevado de nitratos aumenta o risco de cancro, pelo que não é aceitável aumentar o rendimento à custa da saúde humana. Além disso, está também a reduzir a qualidade do solo. Os biofertilizantes, como *azotobactérias,* PSB, vermicomposto, VAM e bolo de mostarda, têm sido referidos como substitutos parciais dos fertilizantes inorgânicos. Foi relatado que melhoram a qualidade dos tubérculos em termos de SST, umido, matéria seca e conteúdo mineral (Ca, Fe e Zn). A redução do teor de nitrato nos tubérculos também foi registada quando 50% e 25% da ureia foi substituída por *Azotobacter* ou Vermicomposto e integrada com PSB (Bactérias Solubilizadoras de Fosfato) ou fungos VAM (Micorrizas Vesiculares Arbasculares) sem diminuir o rendimento dos tubérculos.A aplicação de *Azotobacter* ou fungos VAM em combinação com PSB e Vermicomposto foi relatada para melhorar o crescimento vegetativo das plantas de batata acima e abaixo do solo; atributos relacionados ao rendimento, como número de tubérculos por planta, rendimento médio fresco e comercializável de batata por planta e por hectare; disponibilidade de nutrientes no solo e nutrientes nos tecidos das plantas. Estas aplicações em combinação com 50% de FTR foram consideradas como a gestão de nutrientes mais económica para a cultura da batata. O rácio benefício/custo mais elevado (1,585:1) foi registado em T6 (50% FTR + PSB + VAM + *Azotobacter)* seguido de 1,342:1 em T8 (50% FTR + PSB + *Azotobacter* + VAM + bagaço de mostarda). Assim, a aplicação de PSB, VAM e *Azotobacter* são insumos económicos para a cultura da batata.**Palavras-chave: *Azotobacter;* Biofertilizantes; Torta de mostarda; Nitrato; PSB; VAM.**

Capítulo 1

INTRODUÇÃO

A batata *(Solanum tuberosum* L.) é uma importante cultura hortícola cultivada em todo o mundo tropical, subtropical e temperado para a produção de produtos hortícolas ou como cultura de base ou para a produção de sementes verdadeiras. É também considerada uma das principais culturas de base devido à sua elevada produção de matéria seca e de proteínas por hectare, que é superior à das culturas classificadas como cereais, como o trigo, o arroz, etc. Os tubérculos de batata têm um elevado valor nutricional e conteúdo energético; têm vantagens económicas muito elevadas que serão adequadas para o desenvolvimento da economia (**Van Gijessel 2005; McGregor, 2007**). A batata tem também algum valor medicinal, para além de ser uma fonte alimentar económica e nutritiva. O tubérculo tem um efeito antiespasmódico que alivia as dores intestinais, é utilizado para dores musculares e problemas de pele. O problema da desnutrição e da subnutrição pode ser facilmente resolvido se a batata for aceite no nosso país como um alimento importante e não apenas como um vegetal. A Índia ocupa a terceira posição na produção de batatas, a seguir à China e à Rússia, com uma produção de 41555 mil toneladas para uma área de 1973 mil hectares e uma produtividade de 21% por tonelada por hectare (Indian Horticulture Database 2014). É uma cultura que é colhida em diferentes estações em diferentes partes do país e em Tamil Nadu durante todo o ano. No Punjab, são normalmente cultivadas na região de Boaba, ou seja, nos distritos de Hoshiarpur, Jalandhar, Kapurthala e Nawanshehar. Também é cultivada nos distritos de Amritsar, Ludhiana, Moga e Patiala. No Punjab, cobre uma área de 87,2 mil hectares para produzir 2189,2 mil toneladas, com uma produtividade de 25% de toneladas por hectare. Assim, partilhou 5% da produtividade (Indian Horticulture Database 2014).

Um tubérculo de batata contém cerca de 80% de água e o restante como matéria seca. O amido acumula cerca de 70% dos sólidos totais. Tem uma capacidade muito elevada de produção de matéria seca (47,6Kg/hectare/dia). A composição média do tubérculo de batata é: matéria seca (20%), amido (13-16), açúcar total (0-2%), proteína (2%), fibra (0,5%), lípidos (0,1%), vitamina C (31 mg/100g de peso fresco), cinzas (1-1,5%) e vitamina A e minerais em vestígios. É um alimento de baixo valor energético (97 K cal/100g de peso fresco).

A cultura da batata necessita de uma fertilização perfeitamente equilibrada, caso contrário o desenvolvimento e o crescimento da cultura serão fracos e tanto o rendimento como a qualidade dos tubérculos diminuirão. O azoto e o fósforo são os principais nutrientes na produção de batata, juntamente com o potássio. Uma cultura de batata com um rendimento de 25-30 t/ha remove cerca de 120-140 kg de Nha^{-1} (**Sharma & Upadhyay, 1994**), que dificilmente pode ser fornecido pelo solo totalmente dentro do curto período de crescimento da cultura. A abundância e o baixo custo do fertilizante N tem incentivado o uso de altas taxas de fertilização na tentativa de obter o máximo rendimento de tubérculos. O potássio é conhecido por aumentar o período de crescimento dos tubérculos através do atraso na senescência das folhas. No entanto, não se conhece o seu papel na colheita prematura para obter preços elevados. Em segundo lugar, o sulfato de potássio aumenta a produção e a qualidade dos produtos em muitas culturas. A MOP permitiu mais tempo para o acúmulo de tubérculos de 70 a 100 dias após o plantio, aumentando o rendimento do tubérculo linearmente de 260 a 393 q/ha. No entanto, não houve interação entre os níveis de k2o e as datas de colheita na produção de tubérculos, sugerindo que o potássio era tão essencial para a cultura inicial como para a cultura principal (**Singh *et al.* 1996**). Foi também referido que o potássio promove o transporte de fotossintatos no floema (**Mengel, 1997 e Herlihy, 1989**). Aqui, o K mantém-se na peneira do floema e é necessário para as plantas produzirem moléculas de alta energia (ATP) (**Marschner, 2011**). As plantas de batata têm um sistema radicular pouco desenvolvido e pouco profundo, pelo que requerem doses elevadas de nutrientes (**Perrenoud, 1983**). Embora a batata seja uma cultura de curta duração, a taxa de produção de matéria seca é muito elevada, pelo que remove uma dose muito elevada de nutrientes do solo (**Singh e Trehan, 1997**). Foi relatado que apenas a gestão de nutrientes pode melhorar o rendimento da batata em 50% (**Grewal *et al.* 1992**). Assim, a aplicação de fontes externas de fertilizantes é essencial para satisfazer as suas necessidades de nutrientes e a aplicação de materiais orgânicos como o composto e os biofertilizantes pode adicionar e compensar a perda de nutrientes do solo. Estes materiais orgânicos também ajudarão a restaurar, manter e melhorar a fertilidade do solo para aumentar a produção de uma vasta gama de culturas num dado conjunto de solo e clima. Além disso, para evitar o efeito deteriorante da aplicação excessiva, o equilíbrio da fertilização é essencial para garantir o potencial de rendimento ótimo da batata (**Kushwah *et al.* 2006**). A aplicação de fertilizantes químicos em excesso na batata pode reduzir a qualidade da cultura e aumentar a poluição ambiental (**Ghost e Bhat, 1998; Gerber *et al.*, 2005; Mitsch e Day, 2006**). **Zewide *et al.* (2012)** e **Khan *et al.* (2008)** também defenderam a influência positiva da fertilização equilibrada das plantas para a sustentabilidade da produção agrícola e a manutenção do ambiente físico e biológico do solo. Isto só pode ser conseguido através de adubo orgânico e fertilizantes químicos (**Islam *et al.*, 2011; Sood, 2007; Singh e Lal, 2006**).

O azoto é um dos principais nutrientes essenciais para o crescimento e desenvolvimento das plantas, uma vez que é um dos principais constituintes dos ácidos nucleicos, proteínas e clorofila. As plantas absorvem principalmente o azoto sob a forma de nitratos e utilizam-nos para a síntese de ácidos nucleicos, proteínas, clorofila e muitos compostos que contêm azoto. O equilíbrio entre absorção, translocação e assimilação de nitratos no corpo da planta é essencial e, se este equilíbrio for perturbado, a maior parte do nitrato concentra-se na raiz e nos tubérculos (**Cash *et al.* 2002**). Um nível elevado de nitratos nos tubérculos de batata (>67 ppm) corresponde a uma concentração elevada de nitratos no corpo humano, que é reduzida a nitritos. Uma concentração elevada de nitritos pode causar metemoglobinemia ou pode combinar-se com aminoácidos para formar uma substância potencialmente cancerígena chamada nitrosamina (**Breimer, 1980**). A aplicação excessiva de azoto não só prejudica a qualidade das culturas e o ambiente, como também representa uma despesa económica desnecessária para os agricultores. O elevado custo dos fertilizantes químicos, juntamente com os riscos ecológicos e para a saúde que lhes estão associados, torna necessário encontrar fontes alternativas de nutrientes para manter o rendimento das culturas sem qualquer efeito adverso no solo e no ambiente.

Os biofertilizantes, como as *Azotobacter e as* fosfobactérias (PSB), têm sido reconhecidos como factores de produção importantes para melhorar a saúde e a fertilidade do solo, tendo em vista uma produção agrícola óptima (**Dobereiner, 1997**). No entanto, os seus efeitos variam consoante *as culturas,* o solo e as condições ambientais. O biofertilizante é uma preparação que contém células vivas de vários micróbios que têm a capacidade de tornar os nutrientes disponíveis para a planta através da solubilização de nutrientes indisponíveis, como o fósforo, ou da fixação de minerais atmosféricos, como o azoto. **Tyagi, *et al.* (1999)** referiram que os biofertilizantes reduzem o consumo de fertilizantes inorgânicos em 20-50% e podem melhorar o rendimento das culturas em 10-20%.

Os biofertilizantes contêm microrganismos em estado vivo que são capazes de indisponibilizar nutrientes na forma disponível através da fixação de azoto e da solubilização de rocha fosfática (**Narula *et al.*, 2000; Sahu e Jana, 2000**). Os micróbios fixadores de azoto incluem espécies de *Azotobacter, Azospirillum, Beijerinckia,* etc. (**Kennedy e Tchan, 1992; Reis *et al.*, 1994**). Os micróbios têm a capacidade de produzir substâncias promotoras de crescimento como o ácido indol acético (IAA) e as giberelinas (GA). Também foi relatado que o elenco de minhocas contém auxinas e citocininas (**Krishnamoorthy *et al.* 1986**). A matéria orgânica pode ligar diferentes minerais como Mg e K na sua forma coloidal de argila e húmus, para facilitar a formação de agregados de solo estáveis e melhorar a porosidade. A biomassa microbiana, fontes de micróbios presentes nos biofertilizantes, adiciona matéria orgânica ao solo, pelo que pode melhorar o solo (**Perucci, 1990**) e pode ser uma melhor opção do que a FYM para melhorar o rendimento dos tubérculos de batata (**Sumati Narayan *et al.* 2013**).

Assim, considerando a importância de uma fertilização equilibrada na batata para atingir um rendimento elevado, o impacto perigoso dos fertilizantes inorgânicos sob a forma de acumulação de níveis elevados de nitrato no tubérculo da batata e o papel dos biofertilizantes para resolver estes problemas, foi realizada uma investigação com os seguintes objectivos

1) Compreender o impacto dos biofertilizantes nos parâmetros de crescimento, rendimento e qualidade da batata.

2) Normalizar a dose efectiva de biofertilizantes para substituir os fertilizantes.

3) Determinar o impacto dos biofertilizantes no estado nutricional do solo e das folhas da batateira

4) Avaliar a viabilidade económica dos biofertilizantes como componente da INM na batata.

Capítulo 2

REVISÃO DA LITERATURA

G.R. Mohammadi, *et al.* **(2013)** relataram que a aplicação de biofertilizantes de ureia ou Nitragin (combinação de *Azotobacter* e *Azospirillum)* ou HB101 (um extrato orgânico completo) por si só não tem um efeito significativo no rendimento de tubérculos de batata e no índice de colheita, no entanto, influenciaram estas características com o maior número de tubérculos por planta (8,11) e rendimento de tubérculos (46526 kg/ha). O índice de colheita mais elevado (83,7% e 78,3%) pode dever-se à interação da ureia com a nitragin e do HB101 com a nitragin, respetivamente.

Satyanarayana e Arora (1985), através de uma experiência, mostraram que a aplicação de 150 kg de azoto fez com que os tubérculos ficassem grandes, com uma taxa de volume mais elevada e com uma maior produção de tubérculos. O azoto a 150 kg/ha resultou em 91,1 e 88% de tubérculos de tamanho grande em 1980 1981 e 1981 1982, respetivamente. O nitrogénio a 150 kg/ha produziu 73% da produção total de tubérculos contra 70,5% devido a 75 kg N/ha 60 dias após a plantação, o que indica o efeito benéfico do nitrogénio no enchimento precoce dos tubérculos.

Singh e Sharma (2004) confirmaram que a altura das plantas aumentou significativamente até à aplicação de 120 kg N/ha, enquanto o número de folhas compostas e de tubérculos aumentou até à aplicação de 180 kg/ha.

Dash e Jena (2015) avaliaram a importância dos biofertilizantes *(Azotobacter* + PSB) na gestão de nutrientes da batata e propuseram uma melhoria significativa nos caracteres de crescimento das plantas, como altura da planta (55,3 cm), número de caules primários (5,22), folhas por planta (69,2) e índice de área foliar (4,5) aos 60 DAP em T9 (100% recomendado NP + embebição de tubérculos com ureia e NAHCO3 + tratamento com biofertilizantes, ou seja, *Azotobacter* e PSB). Também registaram o maior número de tubérculos por planta (10,4) e a maior produção de tubérculos (352 g/planta e 29,05 q/ha) em T9, o que pode dever-se a um melhor fornecimento de nutrientes (N e P), melhor desenvolvimento radicular, secreção de hormonas vegetais e melhor absorção de N e P na presença de biofertilizantes.

Nandekar *et al.* **(2006)** demonstraram que o crescimento saudável das plantas e o maior rendimento da batata estão associados à aplicação de biofertilizantes, onde os microrganismos presentes nos biofertilizantes colonizam a rizosfera e fornecem os nutrientes necessários que, por sua vez, estimulam o crescimento das plantas e estimulam a síntese dos reguladores de crescimento das plantas.

Farag Jr *et al.* **(2004-2006)** relataram que os biofertilizantes (rizobactérias, micróbios e fósforo) aumentaram o rendimento e a qualidade da batata. O fósforo no biofertilizante e os tratamentos de controlo deram o maior rendimento total por hectare em ambas as estações. Os biofertilizantes de rizobactérias deram o maior peso médio de tubérculos em ambas as estações.

Jatav *et al.* **(2013)** realizaram uma experiência de campo entre 2004-05 e 2006-07 na exploração agrícola do Instituto Central de Investigação da Batata, em solos castanhos no centro das colinas de Shimla, para investigar o papel das fontes orgânicas e inorgânicas de fósforo e potássio em diferentes fracções de fósforo e potássio no solo após três ciclos numa sequência batata-rabanete. A cultura da batata recebeu doses diferenciadas de fósforo e potássio provenientes de fertilizantes inorgânicos ou de farinha de aveia, de acordo com o calendário de tratamentos, e registou a matéria seca mais elevada (5,72 t/ha) na batata e 1,89 t/ha na cultura do rabanete devido à aplicação de FTR de azoto e 50% de PK proveniente de fontes inorgânicas e 50% de PK proveniente de farinha de aveia; enquanto o pH do solo mais elevado (6,5) foi registado devido à aplicação de 100% de PK proveniente de farinha de aveia. O carbono orgânico e o fósforo disponível mais elevados no solo foram registados com a aplicação integrada de 50% de PK de fontes inorgânicas e 50% de FYM, enquanto o N total e o K disponível mais elevados foram observados devido à aplicação de 75% de PK através de fontes inorgânicas e 25% de FYM.

Ansari (2008) conduziu uma experiência de campo durante 1998-2000 em solos sódicos recuperados sobre a produtividade da batata *(Solanum tuberosum)*, espinafre *(Spinacia oleracea)* e nabo *(Brassica campestris)* e relatou um carbono orgânico mais elevado (0,82%) e azoto disponível (829,33 kg/ha) quando o vermicomposto foi aplicado a 6 toneladas/ha. Reduziu o Ph para o valor mais baixo (de 9,51 e 8,41) com uma produtividade global significativamente mais elevada da batata durante dois anos de trabalho.

Dash e Jena (2015) também propuseram que a aplicação de *Azotobacter* e PSB na batata pode reduzir 25% da necessidade de nitrogénio e fósforo e resultou em alto rendimento (T9), rendimento bruto (T9), rendimento líquido (Tg) e relação B:C (T8-2,03 e T9-2,01).

Hussain *et al.* (1993) estudaram o potencial da inoculação de *Azotobacter* para aumentar o rendimento e outros parâmetros de crescimento num solo franco-arenoso, fornecido com 250, 125, 125 kg ha-^{1} de N, P e K respetivamente e relataram um aumento do peso dos rebentos de 16,4 a 43,3%, do peso das raízes de 38,1 a 120,1% e do rendimento dos tubérculos de 10,04% a 18,13 com um valor mais elevado da relação R/S. Este aumento no crescimento da batata pode dever-se à produção de reguladores de crescimento das plantas, uma vez que não havia possibilidade de fixação de N na presença de uma dose tão elevada de azoto.

Sumati Narayan *et al.* (2013) efectuaram uma experiência de campo sobre a gestão integrada de nutrientes da batata cv.shalimar potato 1 na SKUAST-Kashmir, Shalimar (Srinagar), J&K durante dois anos consecutivos (2008 e 2009), utilizando seis combinações de fertilizantes inorgânicos, orgânicos e biofertilizantes, nomeadamente N1 (RDF 160:100:100, N, P2O5: K2O kg/ha), N2 (75% RDF + 20 t FYM/ha), N3 (75% RDF + 8 t Vermicomposto/ha), N4 (75% RDF + *Azotobacter* + *PSB)*, N5 (75% RDF + 20 t FYM/ha + *Azotobacter* + PSB) e N6 (75% RDF + 8t Vermicomposto/ha + *Azotobacter* + *PSB)* e relatou a produção máxima de tubérculos em ambos os anos (32.71 t/ha) N6 seguido de N5. No entanto, o rendimento mínimo (27,62 t/ha) foi obtido em N4 liderado pela aplicação de 100% RDF que produziu 29,60 t/ha de tubérculos de batata, o que pode ser devido a melhores condições físico-químicas do solo e disponibilidade de nutrientes para as plantas.

Kumar *et al.* (2001) relataram um aumento significativo nos atributos de crescimento e rendimento quando os tubérculos de semente da cultivar de batata kufri Ashoka foram tratados com solução contendo 1% de ureia e 1% de NAHCO3 com inoculação de *Azotobacter* e fosfobactérias e aplicação de 100% de N e P, o que pode ser devido à adição de azoto (através da fixação biológica de azoto), produção de substâncias promotoras de crescimento como fitohormonas (Auxinas e Gibberelinas) e vitaminas (biotina, ácido fólico e outras vitaminas B) por *Azotobacter* e melhor disponibilidade de P por fosfobactérias, como confirmado por **Bhattacharya *et al.* (2000); Marwah (1995); e Sidorenko *et al.* (1996).**

Sood e Sharma (2001) relataram um aumento na produção de tubérculos de batata (variedade-Kufri Jyoti) com o aumento do nível de nitrogénio na presença ou ausência de *Azotobacter* e foi mais elevado (318-319 q/ha) quando foi aplicada a dose recomendada de 100% de N, P e K, no entanto, foi relatado ser mais eficaz quando foi dada uma dose mais baixa de fertilizantes inorgânicos. O vermicomposto foi relatado como sendo mais eficaz na produção de tubérculos em todos os níveis de fertilizantes.

Yao *et al.* (2002) estudaram duas cultivares de batata micropropagadas, Gold rush e LP89221, que foram inoculadas em tabuleiros de sementeira com duas espécies de Glomus viz. *G.etunicatum* e *G.intraradices* em estufas e relataram os seguintes resultados: a inoculação de Goldrush com fungos VAM reduziu significativamente a mortalidade em 77% com *G.etunicatum* (9,9% de mortalidade) e 26% com *G. intraradices* (32,31% de mortalidade) contra plântulas sem VAM (43,75% de mortalidade); aumento significativo do peso fresco do rebento, do peso seco da raiz e do número de tubérculos por planta devido à inoculação de Gold rush com *G.etunicatum* e no número de tubérculos com *G.intraradices; aumento significativo* no peso fresco do tubérculo em LP89221 quando inoculado com *G.etunicatum;* aumento significativo no peso fresco da raiz (10,86g e 7,98g) de Gold rush em 140,3% e 76,5% em plantas inoculadas com *G.etunicatum* e *G.intraradices*, respetivamente; e aumento significativo no conteúdo de K no tecido da planta (rebento) devido à inoculação com

G.etunicatum, a influência positiva dos fungos VAM também foi relatada para o crescimento da batata por **Graham** *et al.* **(1976)** e rendimento da batata por **Vosatka e Gryndler (1999); Niemira** *et al.* **(1995).** A influência positiva dos fungos VAM no crescimento e na produção foi registada no morango por **Mark e Cassells (1996); Norman** *et al.* **(1996)** e na banana por **Decherck** *et al.* **(1995).**

David *et al.* **(1993)** observaram uma interação morfológica e bioquímica entre o fungo VAM *(Glomus fasciculatum)* e a planta de batata durante a deficiência de P e relataram que as plantas sem aplicação de VAM produziram menor conteúdo de matéria seca na raiz (menos 34%), rebento (menos 52%) e tubérculo (menos 73%) do que as plantas com fornecimento de P elevado, tais plantas têm menor relação rebento: raiz e tubérculo: plantas e tubérculos com acumulação de açúcares não redutores e nitratos devido a uma menor respiração radicular e atividade da redutase do nitrato nas folhas, enquanto que as plantas com simbiose VAM recuperaram mais 42% do P disponível no solo, o que justifica o elevado grau de compatibilidade entre a planta com stress de P e o fungo VAM, no entanto, foi apenas uma compensação parcial, pelo que o VAM poderia ser mais eficaz com plantas com menor stress de P. O rendimento mais elevado da batata devido à aplicação/inoculação de fungos VAM pode estar relacionado com a estimulação significativa da produção de tubérculos, que está correlacionada com a iniciação de tubérculos medicados com hormonas, tal como referido por **Ewing (1995); Niemira** *et al.* **(1995); e Graham** *et al.* **(1976).**

Meena e Gupta (1996) relataram que os atributos de crescimento, como altura da planta, produção de matéria seca e tubérculos/planta, foram os mais altos com a aplicação de torta de mamona, e que a produção de tubérculos com torta de mamona (162 q/ha) foi maior em 42,0, 30,0, 19,2 e 8,4 q/ha em comparação com o controle, FYM, gobar gas spend slurry e aplicação de pó de salgueiro, respetivamente. Também registaram um aumento significativo da produção de tubérculos com o aumento do nível de N até 120 kg/ha.

Panique *et al.* **(1997)** registaram um aumento da produção de tubérculos de batata com o aumento do nível de K no solo até 110 mg/kg, o que pode ser devido ao aumento do volume dos tubérculos, enquanto a resposta foi quase estável quando aumentou de 125 mg/kg para 180 mg/kg.

Nyiraneza e Snapp (2007) registaram um aumento de 20% na produção de tubérculos devido a uma abordagem integrada da gestão de nutrientes em condições de campo e de 14-33% num estudo baseado em contentores.

Parmar *et al.* **(2007)** também registaram um efeito significativo dos fertilizantes sintéticos, dos biofertilizantes e do estrume de curral na altura das plantas, no teor de proteínas e de amido dos tubérculos e também no aumento da produção de tubérculos, na rentabilidade, na disponibilidade de nutrientes no solo e na sua absorção. A utilização integrada de fertilizantes químicos, biofertilizantes e estrume orgânico resultou nos rendimentos líquidos mais elevados.

Dyson e Watson (1971) registaram um aumento do crescimento das folhas e caules e do índice de área foliar devido à aplicação de N na fase inicial de crescimento.

Narayan S. *et al.* **(2013)** também relataram um aumento no número de tubérculos, índice de colheita, rendimento de tubérculos e relação B: C em batata devido à aplicação de 75% de RDF em combinação com 8 t / ha de vermicomposto e inoculação de tubérculos com *Azotobacter* e PSB.

Leszczynski e Lisinska (1988) realizaram uma experiência de campo e registaram uma diminuição da matéria seca e do teor de amido dos tubérculos de batata devido ao aumento das doses de azoto, embora o teor de azoto e de proteínas dos tubérculos tenha aumentado.

Singh *et al.* **(2014)** relataram que a altura máxima da planta (72,80 cm, 91,64 cm e 105,08 cm, respetivamente), a propagação da planta (49,40 cm, 67,20 cm e 79,08 cm, respetivamente) e o diâmetro do caule (2,80 cm, 3,56 cm e 4.07 cm, respetivamente) aos 90 dias, 120 dias e 150 dias foram observados em T8 (Aonla + Suran + 25% N2 da torta de mostarda + 25% N2 do vermicomposto + 50% N2 da uréia) seguido por T3 *(Aonla* + Suran + 75% N2 da torta de mostarda + 25% N2 da uréia) e T6 *(Aonla* + Suran + 50% N2 da torta de mostarda + 50% N2 da uréia), o que indica claramente que a surana apresentou um melhor crescimento das plantas quando o bolo de mostarda e o vermicomposto foram suplementados com ureia como fonte de nitrogénio e devido à natureza das plantas de surana que gostam de sombra. Eles também relataram um rendimento fresco e comercializável relativamente alto de suran em T8 (365,02 e 337,65 q/ha) e T3 (353,39 e 326,88 q/ha) e o mais baixo foi em T1 (279,30 e 258,34 q/ha) quando 100% de nitrogênio foi aplicado a partir da uréia.

Singh *et al.* (2015) relataram que a estimativa da relação custo: benefício de diferentes sistemas de cultivo indicou claramente que a maior relação custo-benefício (1: 2.884) foi registrada em T8 (Aonla + Suran + 25% N2 do bolo de mostarda + 25% N2 de Vermicomposto + 50% N2 de Ureia) seguido por 1: 2.841 em T2 (Aonla + Suran + 25% N2 de Vermicomposto + 75% N2 de Ureia), 1: 2. 821 em T3 (Aonla + Suran + 50% N2 do Vermicomposto + 50% N2 da Ureia) e 1: 2. 727 em T5 (Aonla + Suran + 25% N2 da torta de mostarda + 75% N2 da Ureia), em comparação com aonla de cultivo único (1: 2.650); enquanto a menor relação custo: benefício (1: 1.955) foi estimada em T10 (Aonla + Suran + 100% N2 da torta de mostarda).

Singh *et al.* (2016) relataram o aumento do nível de N, P e K na baga de ganso da Índia e nas folhas de goiaba devido à aplicação de vermicomposto em T2 (vermicomposto e uréia em 1:3 como fonte de N) e T3 (vermicomposto e uréia em 1:1 como fonte de N). A matéria orgânica do solo, N, P e K também aumentaram devido à aplicação de vermicomposto em T2, enquanto o pH do solo foi bastante reduzido em T4 (vermicomposto e uréia na proporção de 3:1). Assim, as fontes orgânicas de nutrientes melhoraram o estado dos nutrientes do solo, bem como a sua disponibilidade para as plantas, melhorando o estado dos nutrientes das plantas, o que é essencial para melhorar a produtividade.

Foi relatado que a aplicação de fertilizantes N diminui a concentração de Fe e P nos tubérculos de batata, enquanto a aplicação de fertilizantes com alto teor de K pode reduzir a concentração de Ca e P (**Allison, 2001**).

Wszelaki *et al.* (2005) registaram uma elevada concentração de Ca na pele da batata em comparação com a polpa, enquanto **Andre *et al.* (2007)** observaram uma forte correlação entre a concentração de Ca e Fe e uma concentração significativa entre a concentração de Zn e Fe em 74 variedades autóctones andinas de batata.

Foi relatado que o nível de nitrato de azoto aumentou com a adição de fertilizante N, enquanto a concentração foi reduzida com água de irrigação mais elevada e pela aplicação de fontes de azoto de libertação lenta, como estrume, o que pode ser devido à prevenção da perturbação da absorção, transporte e utilização de nitrato, tal como proposto por **Carter e Bosma (1974).**

Foi relatado que o PSB sozinho ou em combinação com fertilizantes inorgânicos contendo fósforo trouxe um aumento significativo na produção de tubérculos, aumentando o número de tubérculos de tamanho médio, o que pode ser devido a uma melhor utilização de p nas colinas do noroeste. À semelhança, em Shillong, os biofertilizantes *(Azotobacter* com ou sem PSB) foram avaliados em combinação com 0,50,100,150 Kg/ha de azoto e o aumento da produção de tubérculos, do número de tubérculos e do tamanho dos tubérculos de Kufri Jyoti foi relatado devido à inoculação de tubérculos com *Azotobacter* e *Pseudomonas striata.* Além disso, também se registou um aumento dos rendimentos líquidos. **Jatav *et al.* (2013).**

Os biofertilizantes azotados, como *a Azotobacter,* são capazes de fixar o azoto atmosférico no solo sob forma utilizável através de uma forma não simbiótica, enquanto as bactérias solubilizadoras de fósforo (PSB) ou os fungos dos biofertilizantes fosfatados, como o VAM, produzem ácidos orgânicos que podem libertar o fósforo sob forma solúvel, fósforo ou fosfato nativo ou insolúvel. Foi relatado que a inoculação de *Azotobacter* melhora o rendimento da batata sob condições de chuva em Shimla, no entanto, a combinação de fertilizante de azoto com *Azotobacter* resultou num melhor desempenho. Isto pode dever-se a um melhor tamanho dos tubérculos, a um maior número de tubérculos e a uma maior eficiência na utilização do azoto. Foi relatado que a inoculação de tubérculos com *Azotobacter aumentou* o azoto foliar, o que pode ser devido ao aumento do nível de azoto disponível no solo durante a fase de crescimento rápido. **Jatav *et al.* (2013)**

Byrns *et al.* **(2001)** relataram um aumento da acumulação de nitrato nas folhas de alface com o aumento da aplicação de azoto, o que pode ser confirmado por **Tittaonell** *et al.* **(2003)** nos tecidos foliares. Resultados semelhantes foram registados por **Parente** *et al.* **(2006)** e **Shahbazie (2005)**.

Zargar *et al.* **(2008)** estudaram o efeito da interação entre a inoculação de biofertilizantes, *Azotobacter,* PSB e VAM com três níveis de azoto e fósforo nas propriedades físico-químicas e nos parâmetros de rendimento do morango e relataram um efeito significativo na maioria dos parâmetros e o valor mais elevado do peso médio dos frutos (19 g), altura da planta (40.66 cm), azoto foliar (2,5%), Ca (1,62 %), mg (0,32 %), S (0,68%) e parâmetros do solo, a saber, azoto disponível (220 kg/ha), Ca (3985 kg/ha), mg (184,37 kg/ha) e S (13,6 kg/ha) foram registados com a combinação de 225 kg N/ha, 150 kg P/ha e *Azotobacter,* enquanto o PSB em combinação com estas doses de N e P afectou significativamente a floração e os caracteres de frutificação. No entanto, apenas foi registada uma ligeira diminuição do pH com os tratamentos que continham *Azotobacter* e PSB, enquanto a condutividade eléctrica do solo não foi afetada.

Vashisht e Sharma (2003) relataram o efeito positivo da inoculação bacteriana (PSB) e fúngica (VAM) no crescimento das plantas e nos parâmetros de rendimento e nutrientes disponíveis no solo, o que pode ser resultado da melhoria da nutrição de fosfato e nitrato para as plantas e da síntese e libertação de substâncias que estimulam o crescimento no chá híbrido da China. Da mesma forma, **Stephen e Nybel (2003)** também relataram um aumento de N, K, P e Ca no solo devido à aplicação de biofertilizantes orgânicos e completos em pimenta-do-reino, o que pode ser confirmado por **Ipinmoroti** *et al.* **(2008)** no crescimento de mudas de chá e no rendimento da poda.

Kang (2005) relatou a maior altura de planta (69.48 cm), diâmetro de caule (10.88 mm), número de ramos por planta (3.64) e conteúdo de clorofila (42.81) aos 70 dias após o plantio devido à aplicação de EWC (earthworm casts) @ 10 toneladas ha[-1] . Eles relataram ainda um aumento nestes atributos relacionados com o crescimento à medida que a aplicação de EWC aumentou de 2 para 10 termos ha-[1] e todos foram significativamente mais elevados do que o controlo. Também relatou uma correlação linear entre o número de tubérculos por planta, a produção média de tubérculos, a produção total e a produção comercializável da batata com a quantidade de CER aplicada e 8-10 toneladas de CER por hectare foi considerada a quantidade mais adequada a aplicar na batata cultivada em solo de cinzas vulcânicas. O efeito benéfico do vermicomposto ou do CER no crescimento e no rendimento da batata pode dever-se à sua influência na melhoria do solo em termos de melhoria da capacidade de retenção de água, melhoria da atividade de libertação de azoto, capacidade de condicionamento do solo e capacidade de redução de metais pesados, tal como proposto por **Harris** *et al.* **(1990).** A composição orgânica é geralmente imobilizada pelos micróbios do solo, pelo que fornece eficazmente nutrientes às plantas para melhorar a produtividade das culturas, tal como referido por **Coleman** *et al.* **(1983)** e **Duxbury et al. (1989).** Além disso, foi relatado que o EWC enriquece com Bacillus, matéria orgânica, azoto total, fósforo disponível, potássio e CEC, melhorando assim a produtividade do solo **(Brady, 1974). Yoon** *et al.* **(2001)** também referiram a melhoria das propriedades físico-químicas do solo devido à aplicação de vermicomposto, que promove o crescimento das raízes nas culturas, pelo que pode aumentar o desenvolvimento dos tubérculos na batata.

Capítulo 3

MATERIAIS E MÉTODOS

A presente investigação intitulada **"Estudos sobre o desempenho e o potencial económico da Gestão Integrada de Nutrientes no rendimento e nos atributos de qualidade da batata** *(Solanum tuberosum* **L.)"** envolveu uma experiência de campo realizada durante a estação Rabi do ano 2015-16 na Quinta de Investigação Agrícola da Escola de Agricultura, Lovely Professional University, Jalandhar, Punjab (Índia).

3.1. Descrição do sítio

3.1.1. Situação fisiográfica

O local experimental é caracterizado como "Central Plain Zone (PB-3)" do Punjab e está situado a 31° 15' de latitude norte e 75⁰ 41' de longitude leste, a uma altitude de 245 m acima do nível médio do mar. Esta zona compreende partes de oito distritos do Punjab, nomeadamente Amritsar, Taran Taran, Kapurthala, Jalandhar, Ludhiana, Fatehgarh Sahib, Sangrur e Patiala.

3.1.2. Clima

Os materiais e metodologias adoptados durante a investigação são descritos nos pontos seguintes. O clima da área experimental é caracterizado por um verão quente e seco e por monções húmidas e molhadas, com experiências distintas em todas as quatro estações. A precipitação na região varia entre 500-800 mm e cerca de 80 por cento é recebida num curto período de 3 meses (meados de junho a meados de setembro). As principais limitações da região são o declínio do lençol freático e a sodicidade e salinidade do solo. A temperatura média mensal e a precipitação são apresentadas no **quadro**
3 .1.

Tabela- 3.1: Dados meteorológicos mensais médios durante o período de crescimento da cultura (2015- 2016)

S.N.	Meses	Precipitação	Temperatura (^{0} C)
1.	março	117 mm	18°
2.	abril	41 mm	25°
3.	maio	23 mm	31°
4.	junho	88 mm	31°
5.	julho	180 mm	30°
6.	agosto	165 mm	29°
7.	setembro	90 mm	29°
8.	outubro	14 mm	25°
9.	novembro	1mm	19°
10.	dezembro	1mm	13°
11.	janeiro	27 mm	11°
12.	fevereiro	5mm	15°
13.	março	36 mm	20°

3.1.3. Solo

Os solos pertencem predominantemente à planície aluvial central ou franco-arenosos. O solo experimental foi sujeito a várias estimativas antes do início da experiência e é apresentado no **Quadro 3.2.**

Tabela- 3.2: Propriedades físicas e químicas do solo do campo experimental

S.NO	PARTICULARES	VALORES	MÉTODO UTILIZADO
Propriedades físicas			
1.	Areia grossa	60%	Método da pipeta internacional (Piper, 1955)
2.	Silte	7%	Método da pipeta internacional (Piper, 1955)
3.	Argila	32%	
Propriedades químicas			
1.	Ph	7.93	Medidor Buckmoric (Piper,1955)
2.	Condutividade eléctrica (dS/m)	0.15	Jackson (1973)
3.	Carbono orgânico (%)	0.47	Método de oxidação húmida (Jackson, 1957)
Estado dos nutrientes disponíveis			
A	N disponível (kg/ha)	73	Método alcalino por magnata (Subbaiah e Asija,1955)
B	P disponível (Kg/ha)	45.5	Método de Olsen (Jackson,1957)
C	K disponível (kg/ha)	275	Método do fotómetro de chama (Tandon, 1993)

3.2. Detalhes da experiência

3.2.1. Cultura e variedade

Cultura   : Batata

Nome científico : *Solanum tuberosum* L.

Família   : Solanaceae

Variedade   : Kufri Jyoti

3.2.2. Conceção experimental

Ano de experimentação : 2015-16

N.º de tratamentos : 8

N.º de réplicas : 3

Conceção : RCBD

Tamanho da parcela : 5m X 4m=20 m^2

N.º total de parcelas : 24

Área experimental total : 24 x20 m = 480m^2

Tempo de sementeira : 22nd outubro de 2015

Taxa de sementeira necessária : 120 Kg

3.2.3. Detalhes dos tratamentos

T_i: 100% FTR (Dose Recomendada de Fertilizantes)

T_2: 50% RDF + PSB+ VAM

T_3: 50% FTR + PSB + Bolo de mostarda

T4: 50% FTR + PSB+ *Azotobacter*

T5 : 50% FTR + PSB+ VAM+ Bolo de mostarda

T6: 50% FTR + PSB+ VAM + *Azotobacter*

T7: 50% FTR + PSB+ *Azotobacter*+ Bolo de mostarda

T8 : 50% FTR + PSB+ *Azotobacter*+ VAM+ Bagaço de mostarda

3.3. Práticas agronómicas

Várias práticas agronómicas aplicadas durante a experiência, desde a preparação da cama de sementes até à colheita da cultura, são apresentadas no **Quadro 3.3** e explicadas abaixo.

3.3.1. Preparação do terreno

A terra foi arada com a ajuda de um trator, utilizando um cultivador e um rotavator para obter uma terra fina. Após o nivelamento do terreno, o campo foi disposto **(Figura-3.1)** em parcelas experimentais de acordo com o projeto de parcelas.

3.3.2. Tamanho da semente

Os tubérculos germinados, com um peso de 30-40 g, foram utilizados para a plantação, enquanto os danificados e não germinados foram retirados.

3.3.3. Plantação

A plantação dos tubérculos foi efectuada em 22 de outubro de 2015. Os tubérculos-semente foram plantados a um espaçamento de 25 cm nas linhas traçadas a um espaçamento de 60 cm. Os tubérculos foram cobertos com terra após a plantação com a ajuda de uma pá.

<table>
<tr><td rowspan="9">30 M</td><td></td><td>T1</td><td>T4</td><td>T6</td></tr>
<tr><td></td><td>T2</td><td>T5</td><td>T7</td></tr>
<tr><td colspan="4" align="center">Canal de água</td></tr>
<tr><td></td><td>T3</td><td>T6</td><td>T8</td></tr>
<tr><td></td><td>T4</td><td>T7</td><td>T1</td></tr>
<tr><td colspan="4" align="center">Canal de água</td></tr>
<tr><td></td><td>T5</td><td>T8</td><td>T2</td></tr>
</table>

<table>
<tr><td></td><td>T6</td><td>T1</td><td>T3</td></tr>
<tr><td></td><td colspan="3">Canal de água</td></tr>
<tr><td></td><td>T7</td><td>T2</td><td>T4</td></tr>
<tr><td></td><td>T8

T3</td><td>-►16M◄</td><td>T₅ -- ►</td></tr>
</table>

Figura-3.1: Esquema da parcela experimental

Tabela-3.3: Calendário das operações efectuadas no campo experimental durante o ano de 2015-16

S. não		Operações	Data
1.		**PREPARAÇÃO DO TERRENO**	
	a.	Grade de discos (cruzada) e aplicação de vermicomposto	15-10-15
	b.	Planking	15-10-15
	c.	Delimitação do traçado	18-10-15
2.		**APLICAÇÃO DO TRATAMENTO**	
	a.	Aplicação de biofertilizantes e fertilizantes	22-10-15
3.		Semeadura	22-10-15
4.		Irrigação	
		1st irrigação	23-10-15
		2nd irrigação	4-11-15
		3rd irrigação	20-11-15
		4th irrigação	18-12-15
		5th irrigação	8-1-16
5.		Monda	
		1st monda	17-11-15
		2nd monda	7-12-15
		3rd monda	22-12-15

3.3.4. Aplicação de fertilizantes

O vermicomposto foi aplicado à taxa de 10 q/ha na altura da preparação da terra. As quantidades necessárias de fertilizantes para cada parcela foram calculadas e aplicadas usando ureia, DAP e muriato de potássio como fonte de N, P e K, respetivamente. As doses recomendadas de N, P2O5 e K2O foram 160:100:100 kg ha^{-1} respetivamente. Os biofertilizantes foram aplicados como indicado na **Tabela-3.4.** A plantação de tubérculos foi efectuada a 22 de outubro de 2015 emnd. Os tubérculos de semente foram mantidos a um espaçamento de 25 cm sobre linhas feitas a um espaçamento de 60 cm e a ligação à terra foi feita manualmente.

Tabela-3.4: Fontes de nutrientes e suas doses de acordo com os tratamentos

Tratamentos	Entradas (doses de nutrientes por parcela)							
	Vermicomposto (Kg)	Ureia (g)	MOP (g)	DAP (g)	PSB (g)	Mostarda Bolo (Kg)	*Azotobacter* (g)	VAM (g)
T1	2	450	430	390	0	0	0	0
T2	2	450	430	390	150	0	0	300
T3	2	450	430	390	150	1	0	0
T4	2	450	430	390	150	0	300	0
T5	2	450	430	390	150	1	0	300
T6	2	450	430	390	150	0	300	300
T7	2	450	430	390	150	1	300	0
T8	2	450	430	390	150	1	300	300

3.3.5. Monda

As parcelas experimentais foram libertadas de ervas daninhas quando estas foram registadas para evitar a competição de nutrientes. As ervas daninhas foram removidas aos 25, 45 e 60 DAS (dias após a sementeira) por monda manual.

3.3.6. Medidas fitossanitárias

Para proteger a cultura de insectos, pragas e doenças, foi adotado o calendário de pulverização recomendado.

Insecticidas/fungicidas	Doses por acre	Data da pulverização
Indofil M-45	0,5 kg	16-11-2015
Indofil M-45	0,5 kg	7-11-2015

3.3.7. Ligação à terra

A ligação à terra foi efectuada aos 45 DAS durante a monda. Os tubérculos expostos foram cobertos para evitar doenças, o apodrecimento dos tubérculos e para impedir a síntese de solanina, que é responsável pelo esverdeamento dos tubérculos de batata.

3.3.8. Irrigação

A primeira irrigação foi efectuada no dia seguinte à sementeira e a irrigação seguinte uma semana depois, como se indica no **quadro 3.3**. Estas duas irrigações foram efectuadas antes da emergência da cultura e as irrigações subsequentes foram efectuadas sempre que necessário ao longo da estação de crescimento.

3.3.9. Marcação de plantas

Foram identificadas cinco plantas de cada parcela através de seleção aleatória e foram marcadas para observação.

3.3.10. Colheita

A escavação das batatas foi efectuada manualmente em 29 de janeiro de 2016.

3.4. Observações registadas

O estudo do desenvolvimento de diferentes partes das plantas durante o período de crescimento ajudou a explicar o efeito de vários tratamentos no rendimento final. Assim, para avaliar o efeito de vários tratamentos, foram estudados diferentes caracteres da planta, como se refere a seguir:

3.4.1. Caracteres de crescimento

3.4.1.1. Número de dias necessários para a emergência completa: O número de dias foi contado a partir da data de sementeira até à data em que a maioria dos tubérculos de uma parcela emergiu.

3.4.1.2. Número de plantas por parcela: O número de plantas foi contado em cada parcela após 60 dias de emergência para determinar a percentagem de sobrevivência.

3.4.1.3. Altura da planta (cm): A altura da planta de todas as plantas marcadas foi medida desde a base da planta até ao ponto apical da planta aos 30, 45 e 60 dias a partir da data de emergência completa com a ajuda de uma escala métrica e a taxa de crescimento foi expressa em cm em intervalos diferentes.

3.4.1.4. Número de ramos: O número do ramo primário (haulm) e dos ramos secundários é registado por planta para cinco plantas seleccionadas aleatoriamente em intervalos de 30, 45 e 60 dias após 50% de emergência.

3.4.1.5. Índice de área foliar (após 60 dias): Após 60 dias de sementeira, foram desenhados em papel milimétrico os contornos de folhas seleccionadas de diferentes tamanhos de cada planta marcada, para determinar a área das folhas. A média foi calculada e multiplicada pelo número de folhas para obter a área total das folhas. Esta foi dividida pela área ocupada pelas plantas para determinar o LAI de acordo com a fórmula dada.

$$\text{Índice de área foliar (LAI)} = \frac{\text{Área foliar total de uma planta (cm)}^2}{\text{Área de solo ocupada por uma planta (cm)}^z}$$

3.4.2. Teor de clorofila das folhas: A concentração de clorofila no tecido fotossintetizante das plantas, ou seja, nas folhas, foi efectuada de acordo com o procedimento definido por Arnon (1949), tendo sido colhidas cinco folhas de plantas etiquetadas e trituradas numa mistura de soluções contendo hidróxido de amónio 0,1 N e acetona numa proporção de 1:9 em volume.A mistura foi centrifugada e o sobrenadante foi diluído até se obter uma concentração tal que a absorvância no comprimento de onda de 663 nm (A_{663}) e 645 nm (A_{645}) variasse entre 0,2 e 0,8. A absorvância no comprimento de onda acima referido foi medida e Ch-a, Ch-b e a clorofila total foram calculadas pelas seguintes fórmulas e expressas em mg/ml:

Ch-a= 12,7 A_{663} - 2,69 A_{645} Ch-b= 22,9 A_{663} - 4,68 A_{663} Clorofila total= Ch-a + Ch-b

3.4.3. Estado nutricional das folhas de batata: O teor de nutrientes das folhas de batata foi estimado através da amostragem de folhas em plena maturidade, ou seja, no mês de janeiro de 2016. Foram recolhidas trinta folhas do terceiro e quarto pares a partir do ápice de cinco rebentos. As folhas amostradas foram lavadas cuidadosamente com água da torneira e mergulhadas em HCl 0,1 N, água destilada e, em seguida, secas em estufa a 60^{0} C para peso constante. A digestão dos materiais vegetais para vários nutrientes foi efectuada numa mistura de diácidos (H2SO4 destilado e ácido perclórico graduado em AR) numa proporção de 3:1.

3.4.3.1 Teor de azoto: O azoto disponível foi determinado pelo método Micro-Kjeldhal, como sugerido por **Jackson, (1962).**

3.4.3.2 Teor de fósforo: O teor de fósforo nas folhas foi determinado de acordo com o procedimento descrito por Gupta (2007). Num balão volumétrico de 50 ml, colocaram-se 5 ml de digesta de plantas e adicionaram-se 10 ml de reagente de vanadomolibdato. O volume foi completado com água destilada até ao traço de aferição e agitou-se bem. Em seguida, registou-se a absorção da solução após 30 minutos a 420 nm no espetrofotómetro, utilizando um filtro azul. Efectuou-se primeiro a leitura do padrão e depois a leitura da amostra. O teor de fósforo no solo e nas folhas foi calculado utilizando a curva padrão e expresso em P total (%).

3.4.3.3 Teor de potássio: O teor de potássio das folhas foi determinado pelo método do fotómetro de chama (**Jackson, 1973**). O extrato digerido foi utilizado diretamente para a determinação do potássio no fotómetro de chama. O teor de K foi calculado utilizando a curva padrão e expresso como K total (%).

3.4.4. Estado dos nutrientes do solo: As amostras de solo foram recolhidas com a ajuda de uma pá antes e depois da experiência. O solo de 4 locais foi recolhido aleatoriamente de cada parcela e misturado para obter amostras representativas. As amostras de solo foram levadas para o laboratório e secas na estufa a uma temperatura de 105^{0} C até se obter um peso constante. As amostras de solo foram utilizadas para a análise dos seguintes nutrientes.

3.4.4.1. pH do solo: Foi obtido com a ajuda de um medidor de pH digital, utilizando suspensões de solo e água 1:2,5, conforme preconizado por **Singh _et al._ (1999).**

3.4.4.2. CE do solo: A condutividade eléctrica do solo foi medida com um medidor de CE, pesando 25 g de solo e adicionando 50 ml de água destilada, mexendo continuamente 4-5 vezes e deixando-o durante a noite e, em seguida, medindo a CE com um medidor de CE.

3.4.4.3. Matéria orgânica: Foi estimada pelo "método de titulação rápida" de **Walkley e Black (1934)**, tal como descrito por **Barban e Banthakur (1998).**

3.4.4.4. Azoto disponível: Foi estimado pelo método do permagnato de potássio alcalino ($KMnO4$) (**Subbiah e Asija, 1956**), como sugerido por **Baruah e Banthakur (1998).**

3.4.4.5 Fósforo disponível: Foi estimado pelo método de Olsen, conforme descrito por **Baruah e Bunthakur (1998).**

3.4.4.6. Potássio disponível: Foi estimado por fotómetro de chama com a utilização do extrato de saturação do solo, tal como descrito por **Baruah e Banthakur (1998).**

3.4.5. Caracteres de rendimento

3.4.5.1. Número de tubérculos por planta: O número de tubérculos de cinco plantas seleccionadas ao acaso foi contado e registado.

3.4.5.2. Peso fresco médio do tubérculo (g): O peso fresco médio de cada tubérculo e o tubérculo de cada planta foi medido em gramas de cada planta marcada.

3.4.5.3. Peso médio comercializável do tubérculo (g/planta): O peso médio comercializável do tubérculo também foi medido em gramas de diferentes plantas após 15 dias de secagem à sombra.

3.4.5.4. Rendimento total (Kg/parcela e toneladas por hectare): Todos os tubérculos produzidos foram pesados com a ajuda de uma balança e o peso de cada parcela também foi medido.

3.4.5.5. Rendimento médio comercializável (Kg/parcela e toneladas por hectare): Só foram pesados os tubérculos bons para comercialização, ou seja, os tubérculos de boa qualidade. O peso da batata de cada parcela foi medido em kg e o rendimento máximo da parcela foi registado.

3.4.5.6. Teor de matéria seca: O teor de matéria seca dos rebentos, raízes e tubérculos de batata foi determinado pela percentagem de peso das várias partes da planta obtidas após secagem em estufa até se obter um peso constante.

3.4.5.7. Índice de colheita: O índice de colheita (HI) foi calculado dividindo a matéria seca dos tubérculos obtidos numa determinada data de colheita pelo peso seco total da planta, que consistia na produção de tubérculos de uma determinada data e na matéria seca máxima da parte aérea acrescida de 25%, uma vez que é aceite que o peso seco das raízes e dos estolhos constitui uma percentagem da biomassa máxima acima do solo (**Beukema e Zaag 1990).**

3.4.6. Análise da qualidade dos tubérculos: Vinte gramas de tubérculos de cada planta marcada foram retirados e secos a cerca de 60% e moídos com a ajuda de um moinho. O material moído foi novamente seco durante 2 horas a 60^0 C e o peso das amostras foi medido. O azoto nítrico foi determinado pelo método do ácido fenoldisulférico utilizando um extrato aquoso do tecido vegetal (**Ulrich *et al.* 1959).** Foi preparada uma solução a 2% (p/v) de ácido tricloroacético (TCA) dissolvendo 20 g de TCA de grau de reagente em 1 litro de água destilada (**Leggett e Westermann, 1973).**As amostras (0,5 g) de tubérculos secos foram pesadas em frascos de Kjeldhahl de 100 ml contendo uma esfera de vidro e foram digeridas com 5 ml de HNO3, seguidas de arrefecimento e nova digestão em 5 ml de uma mistura de HNO3 e HCLO4 na proporção de 3:1. As amostras foram arrefecidas, diluídas para 50 ml e filtradas com papel Whatman n.º 50.

Foi utilizado um espetrofotómetro de absorção atómica para determinar a concentração de metais. O Zn e o Fe foram determinados diretamente nos filtrados, enquanto o filtrado foi diluído 2,5 vezes com uma solução contendo 15 La e 5% HCL.

3.4.7. Análise económica :

3.4.7.1. Custo de cultivo (Rs./ha) : O custo de cultivo da cultura foi calculado separadamente pela adição do valor de cada insumo, encargos trabalhistas, encargos de irrigação e operações interculturais praticadas durante as estações de cultivo.

3.4.7.2. Rendimento bruto (Rs/ha): O rendimento de cada produto de batata foi convertido em rendimento bruto com base no preço de mercado prevalecente.

3.4.7.3. Rendimento líquido (Rs/ha): O rendimento líquido foi calculado deduzindo o custo de cultivo do rendimento bruto obtido na cultura.

3.4.7.4 Benefício: Custo: O rácio Benefício: Custo foi calculado dividindo o rendimento bruto total pelo respetivo custo de cultivo, utilizando a seguinte fórmula:

$$\text{Rácio benefício/custo} = \frac{\text{Total do rendimento líquido}}{\text{Custo total da cultura}}$$

3.4. Análise estatística

Todos os dados recolhidos foram registados em vários parâmetros que foram submetidos a uma análise estatística utilizando a técnica ANOVA (Análise de Variância). A significância estatística foi testada pelo valor F a um nível de significância de 5 % e 1% e, sempre que o valor F foi considerado significativo, a diferença crítica (DC) foi calculada a um nível de probabilidade de 5 % e 1% e os valores foram fornecidos. As diferenças críticas que não eram significativas foram designadas por NS. A análise estatística foi efectuada utilizando o pacote estatístico Web Agriculture (WASP).

Capítulo 4

RESULTADOS E DISCUSSÃO

O presente estudo intitulado "**Estudos sobre o desempenho e o potencial económico da Gestão Integrada de Nutrientes no rendimento e nos atributos de qualidade da batata** *(Solanum tuberosum* **L.)**" foi realizado em condições de campo durante o ano de 2015-16 na Agricultural Research Farm, School of Agriculture, Lovely Professional University, Phagwara, Punjab. Neste capítulo, procurou-se determinar o grau de variação exibido pela batata no que diz respeito às observações sobre os caracteres morfológicos registados durante o período de crescimento. Os dados registados durante o curso da investigação foram analisados estatisticamente para se chegar a conclusões válidas. Neste capítulo, descrevem-se as respostas diferenciais exibidas por variáveis experimentais variáveis em diferentes componentes.

4.1. CARACTERES DE CRESCIMENTO

4.1.1. Número de dias necessários para a emergência completa

Os dados relativos ao número de dias necessários para a emergência completa dos tubérculos de batata são apresentados no **Quadro 4.1**. A observação mostra que o número máximo (22,33 dias) de dias foi levado pelas sementes em T_i para emergir completamente seguido por T7 (21,66 dias). Todos os tratamentos, onde foram aplicados biofertilizantes, mostraram uma melhoria significativa na emergência das plantas. T_8 (50% RDF + PSB + *Azotobacter* + VAM + Bagaço de mostarda) levou um número mínimo (18,33 dias) para emergir completamente seguido por 20 dias em T_2 (50% RDF + PSB + VAM), T5 (50% RDF + PSB + VAM + Bagaço de mostarda) e T6 (50% RDF + PSB + VAM + *Azotobacter)*.

O aparecimento precoce de tubérculos de batata nas parcelas tratadas com biofertilizantes pode dever-se a uma maior disponibilidade de bioestimulantes ou fitohormonas para promover um crescimento mais rápido dos bolbos. O aumento do crescimento de plantas de batata foi relatado pela produção de substâncias promotoras de crescimento, como fitohormonas e vitaminas, devido à aplicação de *Azotobacter*, como confirmado por **Bhattacharya** *et al.* **(2000)** e **Kumar** *et al.* **(2001). Rafiq lone** *et al.* **(2015)** também confirmaram uma melhor emergência

Tabela-4.1: **Emergência e sobrevivência da planta de batata**

Tratamentos	Número de dias necessários para a emergência completa	Número de plantas por parcela após 60 dias
T1	22.33	111.67
T2	20.00	114.00
T3	20.66	112.66
T4	20.33	113.00
T5	20.00	124.33
T6	20.00	125.33
T7	21.66	115.33
T8	18.33	126.00

Média	20.41	117.79
CD a 5%	1.122	6.778
SEm±	0.410	14.983
CV	3.14	3.29

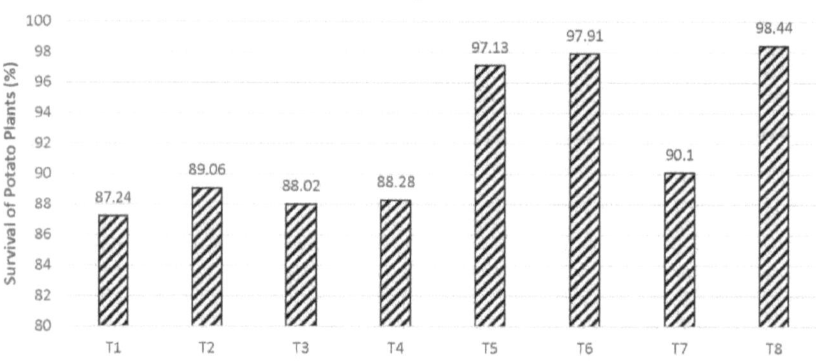

Figura- 4.1: Percentagem de sobrevivência de plantas de batata registada após 60 dias de emergência completa de tubérculos de batata cultivados em vaso quando inoculados com fungos VAM, *Glomus intraradices* e G. *mosseae.*

4.1.2. Número de plantas por parcela após 60 dias

Na altura da plantação dos tubérculos de batata, havia em média 128 tubérculos em cada parcela, ao passo que, após a emergência completa e após 60 dias de crescimento, o número de plantas era inferior ao número de tubérculos plantados. A diminuição do número de plantas por parcela pode ser expressa como mortalidade. É evidente a partir dos dados apresentados no **Quadro 4.1** e na **Figura 4.1** que o número máximo de plantas (126) por parcela com maior sobrevivência (98,44%) foi registado em T8 (50% FTR + PSB + *Azotobacter* + VAM + Bagaço de mostarda) seguido de 125,33 plantas por parcela e 97,91% de sobrevivência em T6 (50% FTR + PSB + VAM + *Azotobacter)* e 124,33 plantas por parcela com 97,13 % de sobrevivência em T5 (50% FTR + PSB + VAM + Bagaço de mostarda). No entanto, o número mínimo (111,67) de plantas com sobrevivência mínima (87,24 %) foi registado em T1 (100% FTR).

A maior sobrevivência e a menor mortalidade em T5, T6 e T8 foram associadas à presença de fungos VAM, que podem ser responsáveis por fornecer resistência contra a baixa temperatura, doenças e ataques de pragas. A presente descoberta está em conformidade com **Yao *et al.* (2002)** em cultivares de batata micropropagadas Gold rush e LP89221, que relataram apenas 9,9% de mortalidade na inoculação com fungos *Glomus etunicatum* em comparação com as plantas não tratadas.

4.1.3. Altura da planta

Os dados relativos à altura da planta de batata medidos após 30 dias, 45 dias e 60 dias a partir da emergência completa foram apresentados na **Tabela 4.2**, enquanto que o aumento percentual na altura das plantas durante esses estágios foi apresentado na **Figura 4.2**. A observação reflecte claramente que a altura das plantas não foi significativamente afetada pela aplicação dos vários biofertilizantes, no entanto, a altura máxima (14,86 cm) das plantas após 30 dias de emergência foi registada em T1 (100% FTR), seguida de 14,13 cm em T4 (50% FTR + PSB + *Azotobacter),* 13,73 cm em T5 (50% FTR + PSB + VAM + Bagaço de mostarda). Após 45 dias de emergência, as plantas cultivadas nas parcelas com T5 apresentaram um crescimento máximo (23,37 cm), seguido de 23,20 cm em T1 e

22,87 cm em T4. Assim, a percentagem global de crescimento foi mais elevada (78,21%) em T8 (50% FDN + PSB + *Azotobacter* + VAM + Bagaço de mostarda), seguida de 75,85% em T6 (50% FDN + PSB + VAM + *Azotobacter)* e 74,06 % em T2 (50% FDN + PSB + VAM). Após 60 dias de emergência, o valor mais alto (35,40 cm) de altura de planta foi registado em T8 com 181,31% de crescimento em 30 dias de emergência, seguido de 35,33 cm em T5 com 157,25% de crescimento em 30 dias de emergência e 34,33 cm de altura de planta em T2 com 167,64 % de crescimento em 30 dias de emergência.

Embora não tenha sido significativo, as plantas com 100% de FTR mostraram-se melhores na fase inicial, o que pode ser devido à disponibilidade de excesso de nutrientes em T1, que foi fornecido com 100% de FTR, enquanto a planta com aplicação de biofertilizantes como fungos VAM, PSB, bolo de mostarda e *Azotobacter* cresceu melhor na fase posterior, o que está associado à síntese de substâncias promotoras de crescimento pelos micróbios presentes nos biofertilizantes. Esta descoberta é confirmada por **Kumar *et al.* (2001)**; **Bhattarcharya *et al.* (2000)**; **Marwah (1995)**; e **Sidorenko *et al.* (1996)**. A influência positiva dos fungos VAM no crescimento de cultivares de batata micropopagadas foi relatada por **Yao *et al.* (2002)**; no crescimento de morango por **Mark e Cassells (1996)** e no crescimento de banana por **Decherck *et al.* (1995)**. **Das e Jena (2015)** também propuseram uma altura de planta significativamente maior (55,3 cm) devido à aplicação de biofertilizantes *(Azotobacter* + PSB) na gestão de nutrientes de plantas de batata.

Tabela -4.2: Efeito dos biofertilizantes na aplicação da altura da planta da batata

Tratamentos	Altura da planta (cm)		
	Após 30 dias de emergência	**Após 45 dias de emergência**	**Após 60 dias de emergência**
T1	14.86	23.20	30.07
T2	12.80	22.23	34.33
T3	12.20	21.07	27.67
T4	14.13	22.87	33.20
T5	13.73	23.37	35.33
T6	10.73	18.80	29.90
T7	11.00	19.07	29.27
T8	12.60	22.37	35.40
Média	**12.76**	**21.62**	**31.90**
CD a 5%	NS	NS	NS
SEm±	**2.331**	**6.157**	**11.814**
CV	**11.97**	**11.48**	**10.78**

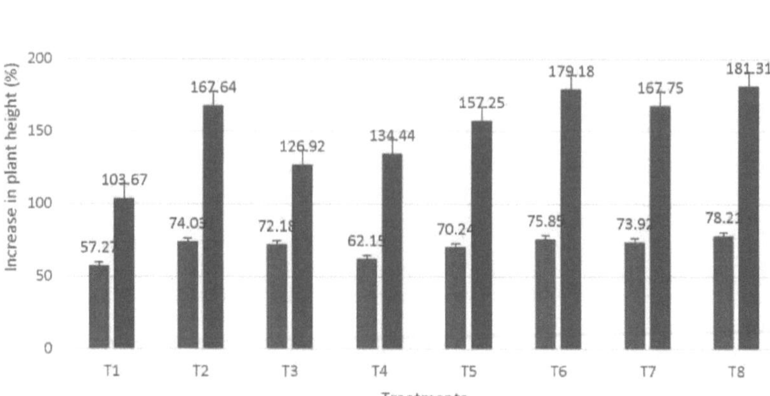

Aumento da altura da planta de 30 a 45 dias ■ Aumento da altura da planta de 30 a 60 dias

Figura- 4.2: Efeito da aplicação de biofertilizantes no crescimento das plantas de batata

4.1.4. Número de sucursais

Os dados registados sobre o número de ramos da batata, apresentados no **Quadro 4.3**, reflectem claramente o efeito significativo da aplicação de VAM e *Azotobacter* sobre os outros tratamentos. O número mais elevado (3,666) de ramos (ramos primários) foi registado em T6 (50% FTR + PSB + VAM + *Azotobacter)* após 30 dias de emergência, seguido de 3,533 em T7 (50% FTR + PSB + *Azotobacter* + Bolo de mostarda), 3,4 em T5 (50% FTR + PSB + VAM + Bolo de mostarda) e 3,2 em Ti. Após 45 e 60 dias de emergência, o número total de ramos foi significativamente maior (5,466 e 6,333, respetivamente) em T6, seguido por Ts (5,033 e 6,166, respetivamente). No entanto, Ti (100% FTR) registou o menor número de ramos (3,8 e 4,5 respetivamente) após 45 e 60 dias de emergência completa.

O aumento do número de ramos com o aumento do número de dias foi registado em todos os tratamentos, o que se deveu ao aparecimento de ramos secundários. A ramificação foi significativamente influenciada pela aplicação de PSB em combinação com VAM ou *Azotobacter*, ao passo que a torta de mostarda teve pouca influência sobre a desatribuição. A superioridade dos biofertilizantes na ramificação pode dever-se a um melhor fornecimento de nutrientes, ao desenvolvimento das raízes e à secreção de fito-hormonas. Esta constatação está em conformidade com **Das e Jena (2015)**, que registaram um efeito significativo de *Azotobacter* em combinação com PSB sobre o número de caules primários.

Tabela -4.3: Efeito de biofertilizantes no número de ramos primários e secundários de batata

Tratamentos	Número de sucursais		
	Após 30 dias	**Após 45 dias**	**Após 60 dias**
Ti	3.200	3.800	4.500
T2	3.133	4.500	5.066
T3	2.733	4.000	4.800

T4	2.866	4.500	5.100
T5	3.400	4.800	5.516
T6	3.666	5.466	5.100
T7	3.533	4.566	6.333
T8	3.000	5.033	6.133
Média	**3.191**	**4.583**	**5.458**
CD a 5%	**0.192**	**0.191**	**0.261**
SEm±	**0.012**	**0.011**	**0.022**
CV	**3.45**	**2.38**	**2.74**

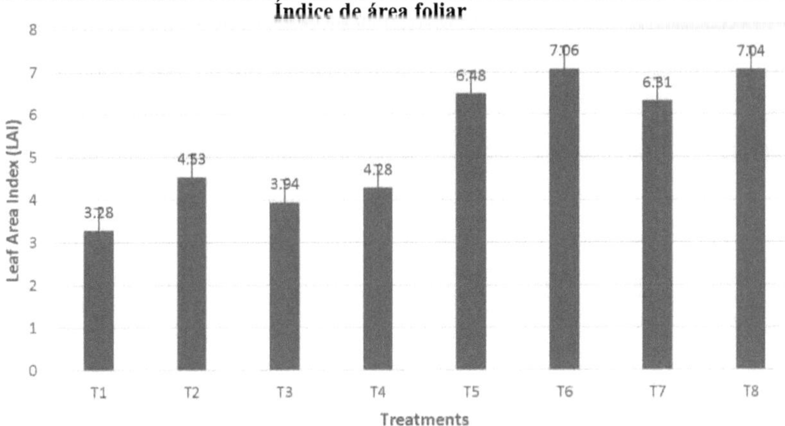

Figura-4.3: Índice de área foliar (LAI) de plantas de batata sob vários tratamentos

4.1.5. Índice de área foliar (LAI)

Os dados relativos ao Índice de Área Foliar (IAF) da planta de batata em função das fontes de nutrientes foram apresentados na **Figura-4.3,** que confirma que o IAF mais elevado (7,06) foi registado em T6 (50% FTR + PSB + VAM + *Azotobacter)*, seguido de 7,04 em Ts (50% FTR + PSB + *Azotobacter* + VAM + Bagaço de mostarda), 6,31 em T7 (50% FTR + PSB + Azotobacter + *Bagaço de mostarda).* Isto reflecte claramente que o LAI foi significativamente afetado pela aplicação de VAM, *Azotobacter* ou bagaço de mostarda isoladamente ou em combinação. O LAI mais baixo (3,28) foi registado em Ti (100% FTR). O índice de área foliar mais elevado nestes tratamentos é o resultado de um maior crescimento vegetativo devido ao fornecimento contínuo de nutrientes por biofertilizantes de libertação lenta. Além disso, podem ser responsáveis pela elevada taxa de actividades sintéticas e pela utilização eficiente do azoto pelas plantas na presença de biofertilizantes. **Dash e Jena (2015)** também propuseram um efeito significativo da aplicação de *Azotobacter* e PSB sobre o índice de área foliar da planta de batata.

Dyson e Watson (1971) também justificaram o Índice de Área Foliar (IAF) como função da disponibilidade de azoto para a planta da batata.

4.2. Teor de clorofila das folhas de batateira

Os dados relativos ao conteúdo de clorofila das folhas de batata medidos após 60 dias de emergência completa, presentes na **Tabela 4.4** e na **Figura 4.4,** confirmam que a clorofila a, a clorofila b e a clorofila total diferiram significativamente entre os tratamentos. Significativamente mais alto (8.927 mg/ml) de clorofila a foi obtido em T5 (50% RDF + PSB+ VAM+ Bagaço de mostarda) seguido por 8.344 mg/ml em T2 (50% RDF + PSB+ VAM) e 7.064 mg/ml em T8 (50% FTR + PSB + *Azotobacter* + VAM + Bagaço de mostarda), enquanto que o teor de clorofila b foi mais elevado (15,36 mg/ml) em T6 (50% FTR + PSB + VAM + *Azotobacter)*, seguido de 13,88 mg/ml em T8 e 11,13 mg/ml em T7 (50% FTR + PSB + *Azotobacter* + *Bagaço de* mostarda). O teor de clorofila total foi significativamente mais elevado (20,951 mg/ml) em T8, seguido de T6 (17,92 mg/ml), T2 (15,57 mg/ml) e T7 (12,89). No entanto, o teor de clorofila mais baixo (7,951 mg/ml) foi registado em T1. Assim, é evidente a partir da tabela e do gráfico que há um efeito significativo da aplicação de biofertilizantes, PSB, VAM e *Azotobacter* no conteúdo de clorofila das folhas de batata. O elevado nível de clorofila a, clorofila b e teor total de clorofila das folhas de batata pode dever-se a uma maior absorção e utilização de azoto e a uma melhor disponibilidade de micronutrientes, especialmente mg, que é um importante constituinte da unidade de clorofila. Embora tenham sido realizados vários trabalhos sobre o teor de clorofila afetado por micronutrientes, a influência dos biofertilizantes no teor de clorofila é uma abordagem inovadora desta investigação. No entanto, a melhoria da taxa fotossintética e o elevado rendimento nestes tratamentos podem justificar os resultados.

Tabela-4.4: Efeito da aplicação de biofertilizantes no teor de clorofila das folhas de batata

Tratamentos	Clorofila A (mg/ml)	Clorofila B (mg/ml)	Total Clorofila (mg/ml)
Ti	2.842	5.108	7. 951
T2	8.344	7.229	15.57
T3	4.885	5.816	10.70
T4	3.567	4.454	8.022
T5	8.927	2.231	11.15
T6	2.561	15.36	17.92
T7	1.762	11.13	12.89
T8	7.064	13.88	20.951
Média	**4.994**	**8.152**	**13.14**
CD a 5%	**0.588**	**1.074**	**1.122**
SEm±	**0. 113**	**0.376**	**0.411**
CV	**6.73**	**7.53**	**4.88**

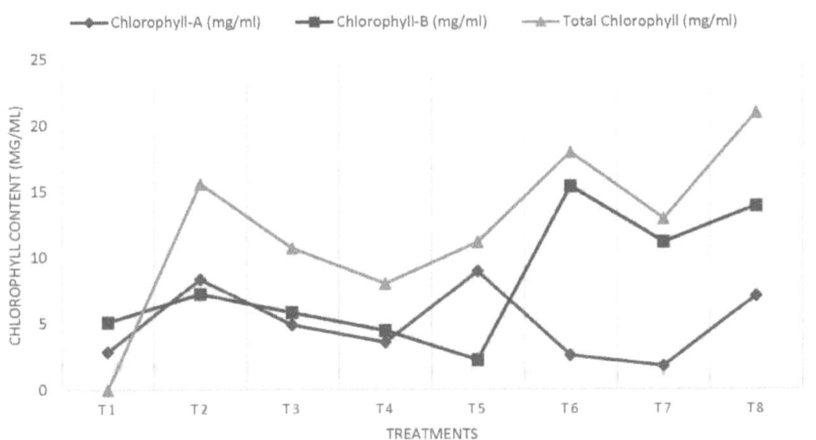

Figura-4.4: Teor de clorofila nas folhas de batata sob vários tratamentos

4.3. Estado dos nutrientes nas folhas de batata

A leitura dos dados registados para o teor de azoto, fósforo e potássio é apresentada no **Quadro 4.5**. As observações mostraram claramente a influência não significativa da aplicação de biofertilizantes nestes atributos. No entanto, os valores mais elevados de P e K (48,77, 5,833 e 86,626) foram registados em T8 (50% FTR + PSB + *Azotobacter* + VAM + bagaço de mostarda)*,* seguidos de 45,42 de azoto em T4 (50% FTR + PSB + Azotobacter)*,* 4,620 de fósforo em T7 (50% FTR + PSB + *Azotobacter* + bagaço de mostarda) e 81,433 de potássio em T6 (50% FTR + PSB + VAM + *Azotobacter)*. O valor mais elevado dos nutrientes nas folhas da batateira pode dever-se a uma melhor absorção destes nutrientes; no entanto, um nível ligeiramente inferior de N, P e K em comparação com a expetativa mais elevada pode estar associado a uma assimilação eficiente dos nutrientes absorvidos pelo tecido vegetal para uma melhor síntese de amido e outras biomoléculas e um rendimento elevado. A influência positiva dos biofertilizantes (vermicomposto) também foi registada por **Singh** *et al.* **(2016)** em folhas de groselha indiana e goiaba e por **Dyson e Watson (1971)** em folhas de batata.

Quadro - 4.5: Efeito da aplicação de biofertilizantes no estado nutricional das folhas de batata.

Tratamentos	Teor de azoto de As folhas	Teor de fósforo Das folhas	Teor de potássio Das folhas
Ti	41.88	3.993	80.533
T2	44.32	4.616	78.863
T3	42.99	3.650	78.876
T4	45.42	3.596	80.536
T5	42.30	3.833	81.316
T6	44.78	3.876	81.433

T7	42.79	4.620	79.913
T8	48.77	5.833	86.626
Média	44.16	4.252	81.012
CD a 5%	NS	NS	NS
SEm±	8.50	0.786	27.477
CV	6.60	20.85	6.47

4.4. Estado dos nutrientes do solo

4.4.1. pH do solo:

Os dados apresentados no **Quadro 4.6** reflectem o efeito significativo dos vários tratamentos no pH do solo. A aplicação de biofertilizantes melhorou significativamente o pH do solo em comparação com o solo na altura da plantação dos tubérculos. O pH mais baixo do solo (7,56) foi relatado em T7 (50% RDF + PSB + *Azotobacter* + bolo de mostarda) seguido por 7,70 em Ts (50% RDF + PSB + *Azotobacter* + VAM + bolo de mostarda), 7,90 em T6 (50% RDF + PSB + VAM + *Azotobacter)* e 7,93 em T5 (50% RDF + PSB + VAM + bolo de mostarda). Assim, a maior redução do pH do solo foi registada em T7 (4,67 %), seguida de Ts (2,9 %).

A melhoria do pH do solo devido à aplicação de biofertilizantes como *Azotobacter,* VAM, PSB e bolo de mostarda em vários tratamentos aplicados durante o cultivo de batata pode ser a produção de ácidos orgânicos devido à decomposição da matéria orgânica presente no solo, Vermicomposto e os biofertilizantes aplicados. Os ácidos libertados foram capazes de neutralizar a alcalinidade do solo. A presente constatação está em conformidade com as conclusões de **Ansari (2008)**, que propôs que a aplicação de vermicomposto reduziu o pH de 9,51 para 8,41 (valor mais baixo) em solo de cultivo de batata, espinafre e nabo.

4.4.2. Condutividade eléctrica CE)

Os dados presentes na **Tabela -4.6** sobre o efeito da aplicação de biofertilizantes na batata sobre a condutividade eléctrica do solo reflectem uma diferença significativa entre os tratamentos, no entanto, nenhum padrão definido pode ser extraído de acordo com a observação. O valor mais alto de CE (0,186) foi registado em T6 (50% FTR + PSB+ VAM + *Azotobacter)* seguido de 0,176 em T2 (50% FTR + PSB+ VAM) e 0,170 em T8 (50% FTR + PSB+ *Azotobacter+* VAM+ Bagaço de mostarda). A maior parte dos tratamentos com biofertilizantes registou valores elevados de condutividade eléctrica, enquanto T3 (50% FTR + PSB + Bagaço de mostarda) e T5 (50% FTR + PSB + VAM + Bagaço de mostarda) registaram uma CE de 0,123, inferior a T1 (0,146).

O elevado valor da CE no solo sob aplicação de biofertilizantes em combinação com 50% de NPK a partir de CDR pode dever-se à elevada percentagem de humidade e à maior mobilidade dos minerais na solução do solo, o que pode ser apoiado pelo facto de os biofertilizantes criarem um meio ácido para uma melhor dissociação dos iões minerais da mistura do solo, o que pode melhorar o valor da CE. No entanto, **Zargar** *et al.* **(2008)** não registaram qualquer alteração significativa na condutividade eléctrica do solo cultivado com morangos com tratamentos contendo *Azotobacter* e PSP.

4.4.3. Matéria orgânica do solo

É evidente a partir da **Tabela-4.6** que a matéria orgânica do solo foi significativamente melhorada devido à aplicação de VAM, PSB, *Azotobacter* ou torta de mostarda em combinação com 50% NPK de RDF e a maior matéria orgânica (0,552) foi relatada em T8 (50% RDF + PSB + *Azotobacter* + VAM + torta de mostarda) seguido por T6 (0,54) e T5 (0,512), no entanto, foi menor (0,403) em T1 (100% N, P, K através de RDF).

O elevado valor da matéria orgânica no solo fornecido com biofertilizantes pode dever-se à matéria orgânica presente nestas fontes de nutrientes. Esta descoberta pode ser confirmada pelos resultados de **Jatav** *et al.* **(2013)** que relataram o maior carbono orgânico devido à aplicação integrada de 50% de P, K de fertilizantes inorgânicos e 50% de FYM. **Singh** *et al.* **(2016)** também relataram uma melhoria na matéria orgânica do solo devido à aplicação combinada de vermicomposto e fertilizantes inorgânicos.

4.4.4. Azoto disponível

O azoto disponível no solo (**Quadro 4.6**) variou significativamente entre tratamentos e foi mais elevado em Ts (76,83 kg/ha), seguido de T6 (76,40 kg/ha), T2 (76,25 kg/ha) e T7 (75,18 kg/ha) em comparação com o controlo (Ti), que registou o teor de azoto mais baixo (70,33 kg/ha). Isto pode ser devido à tendência de libertação lenta de nutrientes destes fertilizantes orgânicos, que pode ser responsável por um maior valor residual de azoto no solo. A melhoria do nível de azoto no solo pode ser justificada pelos resultados de **Zargar** *et al.* **(2008)**, que propuseram o maior teor de azoto disponível quando 225 kg de N/ha e 150 kg de P/ha foram aplicados no morangueiro em combinação com *Azotobacter*.

4.4.5. P e K disponíveis

Os dados apresentados no **Quadro 4.6** confirmam que o fósforo disponível significativamente mais elevado (77,57 kg/ha) foi registado em T2 (50% FTR + PSB + VAM), seguido de 77,29 kg/ha em T7 (50% FTR + PSB + *Azotobacter* + *Bolo de* mostarda), 74,46 kg/ha em Ts (50% FTR + PSB + *Azotobacter* + VAM + Bolo de mostarda) e 74.07 kg/ha em T5 (50% RDF + PSB + VAM + Bagaço de mostarda) em comparação com 69,39 kg/ha em Ti (100% RDF). No entanto, o maior valor de K disponível (202,03 kg/ha) foi relatado em T6 (50% RDF + PSB + VAM + *Azotobacter)* seguido por 196,97 kg/ha em T5 em comparação com 143,02 kg/ha em Ti (100% NPK através de RDF). Assim, a maioria dos tratamentos contendo biofertilizantes como fonte de nutrientes melhorou o valor de K disponível, o que pode ser devido à disponibilidade de P por fosfobactérias, como comparado por **Bhattacharya** *et al.* **(2000)**; **Marwah (1995)** e **Sidorenko** *et al.* **(1996)**. **Da** mesma forma, foi relatado que a aplicação de PSB em combinação com doses orgânicas de fertilizantes melhora significativamente o P e o K, como confirmado por **Zargar** *et al.* **(2008)**.

Tabela-4.6: Efeito da aplicação de biofertilizantes na batata sobre o estado nutricional do solo

Tratamentos	pH do solo	Solo CE	Solo O.M.	Azoto disponível (Kg/ha)	Fósforo Disponível (Kg/ha)	Potássio Disponível (Kg/ha)
T1	8.20	0.146	0.403	76.83	69.39	143.02
T2	8.03	0.176	0.467	72.58	77.57	171.63
T3	8.10	0.123	0.428	76.25	69.59	163.22
T4	8.03	0.160	0.408	76.40	69.18	179.50
T5	7.93	0.123	0.512	73.95	74.07	196.97
T6	7.90	0.186	0.541	72.66	69.61	202.03
T7	7.56	0.156	0.448	75.18	77.29	142.92
T8	7.70	0.170	0.552	70.33	74.46	141.66
Média	7.93	0.155	0.470	74.27	72.64	167.62
CD a 5%	0 .19	0.111	0.404	1.54	2.323	7.4734

SEm±	0.012	0.404	0.533	0.77	1.760	18.212
CV	1.37	4.09	4.91	1.19	1.83	2.55

4.5. ATRIBUTOS DE RENDIMENTO

4.5.1. Número médio de tubérculos por planta

Os dados relativos ao número médio de tubérculos por planta, apresentados na **Tabela-4.7**, confirmam o efeito não significativo da aplicação de biofertilizantes, ou seja, PSB em combinação com *Azotobacter,* VAM ou bolo de mostarda no número de tubérculos desenvolvidos em cada planta. No entanto, o número mais elevado de tubérculos por planta (10) foi registado em T6 (50% FTR + PSB + VAM + *Azotobacter)*, seguido de 9,67 em T_8 (50% FTR + PSB + *Azotobacter* + VAM + Bagaço de mostarda) e 9,33 em T5 (50% FTR + PSB + VAM + Bagaço de mostarda), em comparação com 8,17 em T_1. O aumento do número de tubérculos nos diferentes tratamentos pode ser resultado da utilização eficiente dos nutrientes pela planta sob a influência da atividade microbiana dos biofertilizantes. O maior número de tubérculos de batata por planta também foi relatado por **Mohammadi *et al.* (2013)**, que relataram que a aplicação integrada de ureia com nitragina, que contém *Azotobacter* e *Azospirillum* como componente ativo, afetou significativamente o número de tubérculos, mas não houve efeito significativo quando aplicado sozinho. **Dash e Jena** também relataram um maior número de tubérculos por planta quando 100% da dose recomendada de NP foi combinada com a imersão do tubérculo em ureia e NaHCOs juntamente com a aplicação de *Azotobacter* e PSB. **Yao *et al.* (2002)** relataram um efeito significativo da inoculação da batata micropropagada Gold rush com espécies de Glomus no número de tubérculos por planta.

Tabela -4.7: Efeito da aplicação de biofertilizantes no número e peso médio dos tubérculos.

Tratamentos	Número médio de tubérculos por planta	Peso médio do tubérculo (g)	Peso fresco médio (g) de tubérculos por planta	Peso médio comercializável (g) de tubérculos por planta
T1	8.17	42.20	339.97	306.10
T2	8.23	55.05	453.69	420.13
T3	8.0	48.81	390.17	360.99
T4	8.0	47.58	377.56	353.69
T5	9.33	49.61	464.70	428.58
T6	10.00	53.76	538.15	502.76
T7	8.63	52.26	449.74	417.37
T8	9.67	49.29	442.50	506.79
Média	**8.75**	**50.70**	**445.05**	**412.30**
CD a 5%	**NS**	**4.99**	**93.06**	**81.5**
SEm±	**1.12**	**8.130**	**2824.40**	**2165.95**
CV	**12.09**	**5.62**	**11.94**	**11.29**

4.5.2. Peso médio dos tubérculos

É evidente na **Tabela-4.7** que o peso médio de cada tubérculo e o peso fresco e comercializável dos tubérculos por planta foram significativamente afectados pela aplicação de *Azotobacter*, VAM ou bagaço de mostarda em combinação com PSB e 50% de NPK da FTR. O peso médio mais elevado dos tubérculos (53,76 g), o peso fresco médio dos tubérculos por planta (538,15 g) e o peso médio comercializável dos tubérculos por planta (502,76 g) foram registados em T6 (50% FTR + PSB + VAM + *Azotobacter)* seguido de T5 (49.61 g, 464.70 g e 428.58 g respetivamente) e T2 (55.05g, 453.69 g e 420.13 g respetivamente) enquanto que o valor mais baixo (42.20 g, 339.97 g e 306.10 g respetivamente) foi registado em Ti (100% RDF). Assim, todos os tratamentos melhoraram o peso médio dos tubérculos em comparação com o único fertilizante inorgânico como fonte de nutrientes. O aumento do peso médio e comercializável dos tubérculos de batata neste tratamento pode dever-se a um melhor fornecimento de nutrientes, a um melhor desenvolvimento das raízes, à secreção do fito hormonas e a uma melhor absorção de azoto e fósforo na presença de PSB e de outros biofertilizantes, tal como confirmado por **Dash e Jena (2015). Kumar** *et al.* **(2001)** também registaram resultados semelhantes. **Hussain** *et al.* **(1993)** também registaram melhorias na produção de tubérculos de 10,04% a 18,31% devido à aplicação da inoculação de *Azotobacter* juntamente com a dose recomendada de fertilizante. **Yao** *et al.* **(2002)** também registaram um efeito significativo da inoculação da cultivar de batata micropropagada LP89221 com espécies de Glomus no peso fresco do tubérculo por planta. **Singh** *et al.* **(2014)** também relataram uma melhoria no rendimento de *Amorphophallus corm* devido à aplicação combinada de vermicomposto, bolo de mostarda e ureia.

4.5.3. Rendimento dos tubérculos

Os dados relativos às influências dos biofertilizantes no rendimento da batata foram apresentados no **Quadro 4.8**, que reflecte claramente que o rendimento fresco mais elevado (68,85 kg/parcela e 33,05 toneladas/ha) e o rendimento comercializável (63,82 kg/parcela e 30.63 toneladas/ha) foram registados em T8 (50% FTR + PSB+ *Azotobacter*+ VAM+ Bagaço de mostarda) que estava a par com T6 (67,38 kg/parcela e 32,34 toneladas/ha como rendimento fresco enquanto 62,95 kg/parcela e 30,21 toneladas/ha como rendimento comercializável) e significativamente melhor do que outros tratamentos. Todos os tratamentos que foram fornecidos com biofertilizantes deram um rendimento significativamente melhor em comparação com plantas fertilizadas com 100% NPK de fontes inorgânicas (T1).

A melhoria do rendimento da batata devido à aplicação de biofertilizantes é atribuída à utilização eficiente de nutrientes, ao melhor desenvolvimento, à elevada taxa de fotossíntese, à produção de fito-hormonas e ao aumento do número de tubérculos de tamanho médio, tal como referido por **Dash e Jena (2015), Nantekar** *et al.* **(2006), Farag Jr** *et al.* **(2013)** durante as suas investigações.

Tabela -4.8: Efeito dos biofertilizantes no rendimento da batata

Tratamentos	Rendimento (Kg por parcela)		Rendimento (Toneladas por Hectare)	
	Rendimento fresco	Rendimento transacionável	Rendimento fresco	Rendimento transacionável
Ti	37.93	34.14	18.21	16.39
T2	51.75	47.92	24.84	23.00
T3	43.96	40.90	21.10	19.63
T4	42.65	39.96	20.47	19.18
T5	57.71	53.23	27.70	25.55
T6	67.38	62.95	32.34	30.21

T7	51.78	48.09	24.85	23.08
T8	68.85	63.82	33.05	30.63
Média	**48.88**	**52.75**	**25.32**	**23.46**
CD a 5%	**9.58**	**10.97**	**5.26**	**4.60**
SEm±	**29.91**	**39.22**	**8.47**	**6.89**
CV	**11.19**	**11.87**	**11.87**	**11.19**

4.5.4. Teor de matéria seca das diferentes partes da planta

Os dados relativos ao teor de matéria seca de diferentes partes da planta (tubérculos, rebentos e raízes) são apresentados no **Quadro 4.9**. É evidente a partir da tabela que o conteúdo de matéria seca em tubérculos e rebentos foi significativo, mas as raízes da planta de batata não mostraram variação significativa. A percentagem máxima (21,76%) de matéria seca nos tubérculos foi encontrada em Ts (50% FTR + PSB+ *Azotobacter*+ VAM+ Bagaço de mostarda) seguido de T6, T5 e T2 (20,60%, 19,26% e 17,91% respetivamente). No entanto, a percentagem mínima (13,05%) de matéria seca nos tubérculos foi encontrada em Ti (100% FTR). A percentagem mais elevada (21,29%) de matéria seca nos rebentos foi encontrada em T6 (50% FTR + PSB+ VAM + *Azotobacter)*, seguida de Ts, T5 e T7 (21,05%, 19,84% e 19,66%, respetivamente), enquanto a percentagem mais baixa (16,52%) foi encontrada em Ti (100% FTR). A percentagem máxima (20,00%) de matéria seca na raiz foi encontrada em T7 (50% FTR + PSB+ *Azotobacter*+ Bagaço de mostarda) seguido de T6, T2 e T3 (19,54%, 18,77% e 17,89% respetivamente) e a percentagem mais baixa foi novamente encontrada em Ti (14,13%). O alto valor do conteúdo de matéria seca em plantas de batata pode ser resultado da utilização eficiente de nutrientes pelas plantas para a síntese de substratos orgânicos como hidratos de carbono, proteínas, etc., que são responsáveis pela adição de matéria seca em várias partes da planta.

A presente descoberta está em conformidade com a descoberta de **Jatav *et al.* (2013)** que propôs que o uso integrado de 50% PK de fertilizantes inorgânicos juntamente com RDF de N resultou no maior rendimento de matéria seca de batata (5,72 toneladas/ha).

Tabela-4.9: Efeito da aplicação de biofertilizantes no conteúdo de matéria seca das partes da planta.

Tratamentos	Matéria seca (%) nos tubérculos	Matéria seca (%) nos rebentos	Matéria seca (%) em raízes
Ti	13.05	16.52	14.13
T2	17.91	19.62	18.77
T3	14.19	17.79	17.89
T4	15.37	18.75	16.68
T5	19.26	19.84	15.98
T6	20.60	21.29	19.54
T7	16.61	19.66	20.00
T8	21.76	21.05	15.49
Média	**17.34**	**19.31**	**17.31**

CD a 5%	0. 959	2.085	NS
SEm±	0.300	1.417	6.100
CV	3.16	6.16	14.27

4.5.5. Índice de colheita

As observações registadas no índice de colheita (HI) da planta de batata foram apresentadas na **Figura-4.5** e confirmam que Ts (50% RDF + PSB + *Azotobacter* + VAM + Bolo de mostarda) resultou no índice de colheita mais elevado (0,828) seguido de 0,787 em T5 (50% RDF + PSB + VAM + Bolo de mostarda) e 0,775 em T6 (50% RDF + PSB + VAM + *Azotobacter*). No entanto, o valor mais baixo (0,633) foi registado em Ti (100% FTR). Assim, a aplicação de *Azotobacter,* VAM ou bagaço de mostarda em combinação teve um impacto significativo na colheita da planta de batata. O alto valor do índice de colheita em plantas onde os biofertilizantes foram aplicados em combinação como 50% de substituição de fertilizantes inorgânicos é devido a uma maior produção de matéria seca pelas plantas e está em conformidade com os resultados de **Narayan *et al.* (2013)**, que relataram um índice de colheita significativamente superior em batata quando 75% do RDF foi combinado com 8 t / ha Vermicomposto e tratamento de preservação de tubérculos com *Azotobacter* e PSB. Resultados semelhantes foram também obtidos por **Mohammadi *et al.* (2013)** devido à interação entre Nitragin, Ureia e HB101.

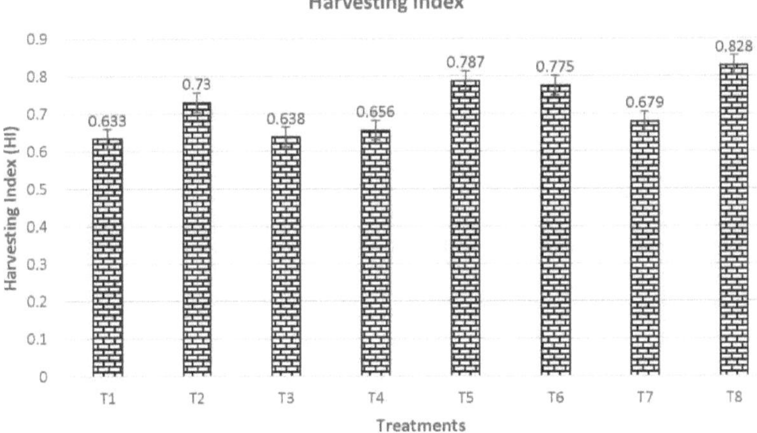

Figura-4.5: Índice de colheita de plantas de batata sob vários tratamentos

4.6. PARÂMETRO DE QUALIDADE DOS TUBÉRCULOS

4.6.1. Teor de nitratos

A análise dos dados relativos ao teor de nitrato dos tubérculos de batata cultivados sob diferentes tratamentos (**Figura-4.6**) confirmou que o teor mais elevado de nitrato (120 ppm) foi registado em Ti (controlo), seguido de 103 ppm em T3 (50% FTR + PSB+ Bagaço de mostarda) e 87 ppm em T4 (50% FTR + PSB+ *Azotobacter)*, o que pode ser perigoso para a saúde. Foi registada uma redução significativa no nível de nitrato dos tubérculos de batata devido à aplicação da combinação de biofertilizantes em vários tratamentos. O valor mais baixo (36 ppm) de nitrato foi registado em Ts

(50% FTR + PSB + *Azotobacter* + VAM + Bolo de mostarda) seguido de 37 ppm em T6 (50% FTR + PSB + VAM + Azotobacter) e 41 ppm em T5 (50% FTR + PSB + VAM + Bolo de mostarda). T3 (50% FTR + PSB + Bagaço de mostarda) e T7 (50% FTR + PSB + *Azotobacter* + *Bagaço de mostarda*) também registaram níveis seguros de nitrato de 62 ppm e 65 ppm, respetivamente. A redução do nível de nitratos nos tubérculos de batata devido à aplicação de biofertilizantes em combinação com uma dose de 50% de FTR pode dever-se a uma dose mais baixa de fertilizantes azotados aplicados em todos os tratamentos, exceto em T_i. Este resultado pode também estar associado ao hábito de libertação lenta de azoto das *Azotobacter,* VAM ou bolos de mostarda, pelo que a taxa de assimilação de azoto e a sua absorção pela planta estavam em equilíbrio para evitar a acumulação de nitratos nos tubérculos. As presentes conclusões e razões estão em conformidade com as conclusões de **Carter e Bosma (1974). Bryns** *et al.* **(2001); Tittonell** *et al.* **(2003); Parente** *et al.* **(2006)** e **Shahbazie (2005)** também confirmaram que a aplicação de fertilizantes azotados em excesso perturbava o equilíbrio entre a absorção, o transporte e a utilização do azoto, provocando a acumulação de nitratos nas folhas da alface.

Teor de nitratos (ppm) nos tubérculos de batata

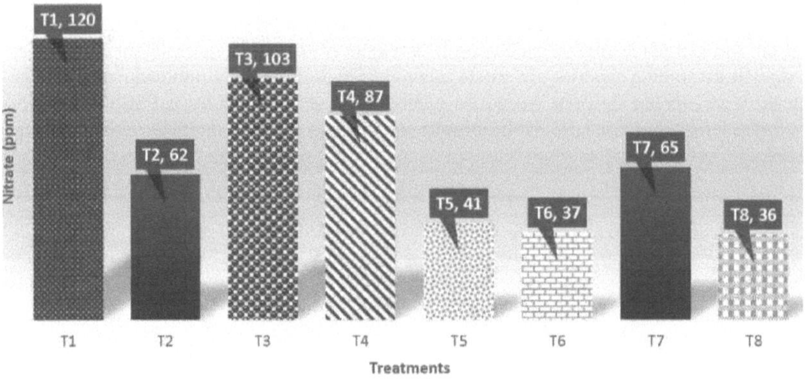

Figura-4.6: Teor de nitrato (ppm) nos tubérculos de batata sob vários tratamentos.

4.6.2. Teor de nutrientes dos tubérculos

Os dados relativos ao teor de nutrientes dos tubérculos de batata foram apresentados nas **Figuras 4.7** a **4.10**. Estas figuras confirmam que a aplicação de biofertilizantes em combinação com 50% de nutrientes através de FTR melhorou significativamente o nível de K, Ca, Zn e Fe na pele e na polpa dos tubérculos de batata. No entanto, a concentração de nutrientes foi relatada como sendo maior na casca em comparação com a polpa.

O nível mais elevado de K (39,1 Mg/g e 23,6 Mg/g) foi registado na pele e na polpa de T_s (50% FTR + PSB + *Azotobacter* + VAM + bagaço de mostarda) e T5 (50% FTR + PSB + VAM + bagaço de mostarda), respetivamente, seguido de 38,6 Mg/g na pele e 23,6 Mg/g na polpa de T6 (50% FTR + PSB + VAM + *Azotobacter).* No geral, T_s (50% FTR + PSB + *Azotobacter* + VAM + Bagaço de mostarda) registou o teor médio de K mais elevado (31,25 Mg/g) em todo o tubérculo, enquanto T_i (controlo) registou o teor mais baixo (31,4 e 20,23 Mg/g) de K na pele e na polpa, respetivamente.

O cálcio máximo (2,39 e 0,32 Mg/g) foi determinado na pele e na carne de T_s (50% FTR + PSB+ *Azotobacter*+ VAM+ Bagaço de mostarda), respetivamente, seguido de 2,36 Mg/g de Ca na pele e 0,62 Mg/g de Ca na carne de T6 (50% FTR + PSB+ VAM + *Azotobacter),* no entanto, o mais baixo (1,9 mg/g e 0,24 mg/g) foi registado na pele e na carne de T_i (100 nutrientes através de FTR), respetivamente. Da mesma forma, T5 (50% FTR + PSB + VAM + Bolo de mostarda), T_s (50% FTR + PSB + *Azotobacter* + VAM + Bolo de mostarda) e T6 (50% FTR + PSB + VAM + *Azotobacter)* foram reconhecidos com o nível mais elevado (9,7, 9,66 e 9,65 microgramas/g; respetivamente) de

Zn na carne, enquanto o nível mais elevado (33.8 Mg/g) de Zn na pele foi determinado em Ts (50% FTR + PSB + *Azotobacter* + VAM + Bolo de mostarda), seguido de 33,6 mg/g em T6 (50% FTR + PSB + VAM + *Azotobacter)* e 32,3 Mg/g em T5 (50% FTR + PSB + VAM + Bolo de mostarda). O Ti mais baixo (30,3 Mg e 8,9 Mg) na pele e na carne, respetivamente, foi registado. Do mesmo modo, o teor de Fe mais elevado (307,0 Mg/g e 16,2 Mg/g) foi registado na pele de T5 (50% FTR + PSB + VAM + bagaço de mostarda) e na polpa de Ts (50% FTR + PSB + *Azotobacter* + VAM + bagaço de mostarda), respetivamente, enquanto o mais baixo foi registado em Ti (controlo), que contém apenas 14,6 Mg/g de Fe na polpa e 306,6 Mg/g na pele. O teor de Fe na pele não foi considerado significativo, enquanto o teor de Fe na polpa foi significativamente mais elevado nos tratamentos aplicados com biofertilizantes em comparação com o controlo (T1). O nível mais elevado de K devido à aplicação de PSB em combinação com *Azotobacter* ou VAM pode dever-se à absorção e translocação eficientes de K do solo na presença de micróbios vantajosos associados a estes biofertilizantes. De forma semelhante, a disponibilidade de micronutrientes pode ter sido melhorada devido à libertação destes nutrientes da micela complexa do solo na presença de biofertilizantes. Assim, a absorção também foi melhorada, conforme relatado por Parmar et al. (2007). Yao et al. (2002) também registaram um aumento do nível de K no tecido vegetal quando os tubérculos de batata foram inoculados com *G.etunicatum* (fungos VAM).

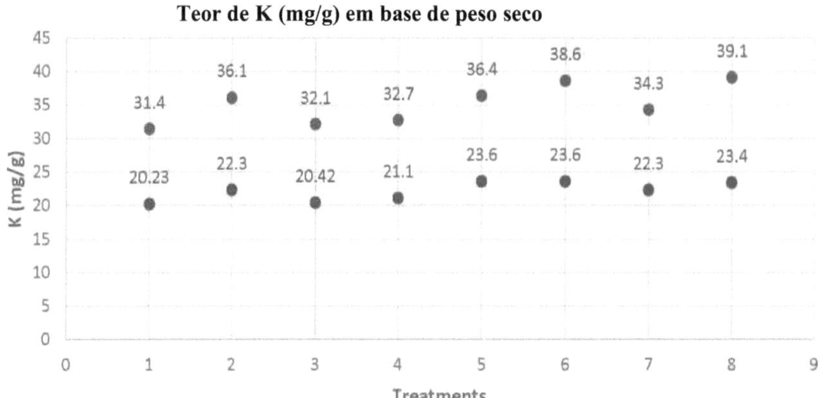

Figura-4.7: Teor de potássio (mg/g) nos tubérculos de batata sob vários tratamentos

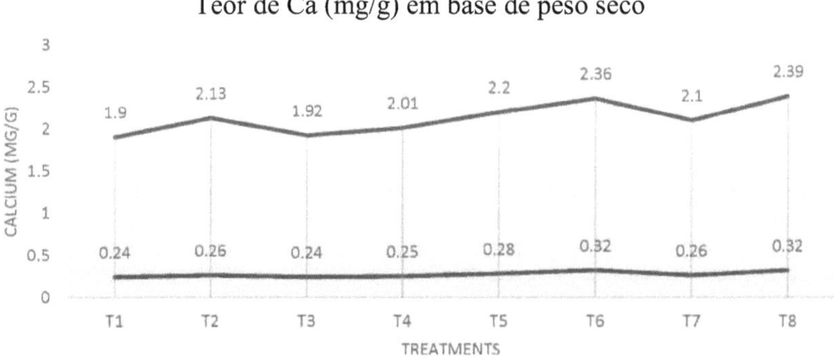

Teor de Ca (mg/g) em relação ao peso seco PeleTotal de Ca (mg/g) em relação ao peso seco Carne

Figura-4.8: Teor de cálcio (mg/g) nos tubérculos de batata sob vários tratamentos

Teor de Zn (micro g/g) em base de peso seco

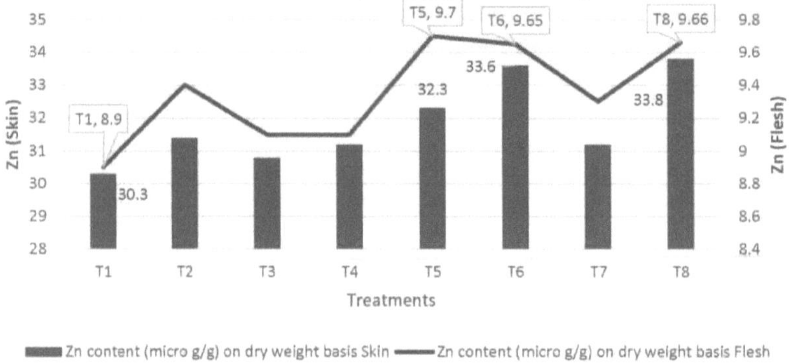

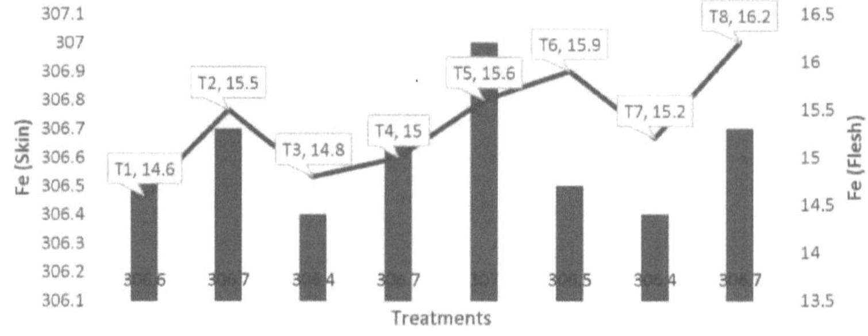

Figura-4.9: Teor de zinco (pg/g) nos tubérculos de batata sob vários tratamentos

Teor de Fe (micro g/g) em base de peso seco

Figura-4.10: Teor de ferro (pg/g) nos tubérculos de batata sob vários tratamentos

4.7. ANÁLISE ECONÓMICA

4.7.1. Custo de cultivo:

Os dados apresentados na **Tabela-4.10** confirmam que o maior custo de cultivo (Rs 117691.25) foi relatado em Ts seguido por Rs 110191.25 em T5 e Rs 105191.25 em T6 em comparação com outros tratamentos, enquanto o menor custo de cultivo (Rs 66382.50) foi relatado em T1 (100% NPK através de fertilizantes inorgânicos). É evidente que todos os tratamentos (T2 a Ts) com biofertilizantes *(Azotobacter* ou VAM ou bolo de mostarda em combinação com PSB) têm custos de cultivo mais elevados em comparação com o controlo, o que pode ser devido ao custo mais elevado dos biofertilizantes. O alto valor do custo de entrada também foi relatado por **Singh *et al.* (2015)** devido à aplicação de biofertilizantes como fonte de nutrientes para o sistema de consórcio baseado em amorfos.

4.7.2. Rendimento bruto e líquido:

Os dados relativos ao rendimento bruto e líquido, apresentados na **Tabela -4.10**, confirmam que todos os tratamentos (T2 a T8) resultaram em rendimentos mais elevados em comparação com o controlo (T1). O maior rendimento bruto (Rs 275670) foi reportado em T8 (50% RDF + PSB+ *Azotobacter*+ VAM+ Bolo de mostarda) e o rendimento líquido (Rs 166698.8) foi reportado em T6 seguido de Rs 271890 como rendimento bruto em T6 e Rs 157978.8 como rendimento líquido em T8 enquanto que o menor rendimento bruto e líquido (Rs 147510 e Rs 81127.50 respetivamente foi reportado em T1 (100% RDF (Dose Recomendada de Fertilizantes).

O rendimento bruto e líquido mais elevado obtido com a cultura da batata à base de biofertilizantes pode dever-se ao elevado rendimento comercializável, que é responsável por uma maior produção total. Os presentes resultados confirmam os resultados de **Dash e Jena (2015)**, que relataram um rendimento bruto e líquido máximo devido à aplicação de *Azotobacter* e PSB com uma dose 25% inferior de azoto e fósforo.

Rácio benefício/custo (BCR):

É evidente a partir dos dados apresentados na **Tabela-4.10** que a maior (1.585:1) relação B: C foi relatada em T6 (50% RDF + PSB + VAM + *Azotobacter)* seguido por 1.342:1 em T8 (50% RDF + PSB + *Azotobacter* + VAM + bolo de mostarda) e 1.290:1 em T7 (50% RDF + PSB + *Azotobacter* + bolo de mostarda) em comparação com 1.222:1 em T1 (100% RDF (Dose Recomendada de Fertilizantes). Assim, a aplicação de biofertilizantes tem sido relatada para melhorar o rendimento bruto e líquido e, portanto, a relação B: C na cultura da batata. O valor mais alto da relação B: C em T6, T8 e T7 pode ser devido a uma maior produção associada a um alto rendimento e menor investimento, o que pode ser confirmado por **Dash e Jena (2015)** devido à aplicação de *Azotobacter* e PSB em combinação com fertilizantes inorgânicos e está de acordo com **Narayan *et al.* (2013)**, que propuseram uma alta relação benefício: custo (1,75) na batata quando foi cultivada com 75% de RDF + 8 toneladas / ha Vermicomposto e tratamento de tubérculos pré-semeadura com *Azotobacter* e PSB. Pode ser ainda confirmado pela descoberta de **Singh *et al.* (2015)** no sistema de cultivo intercalar baseado em amorfos devido à aplicação de vermicomposto e bolo de mostarda.

Quadro 4.10: Análise económica

Tratamentos	Custo dos factores de produção (em Rs.)			Bruto Receitas (em Rs.)	Líquido Receitas (em Rs.)	Rácio B:C
	Entradas de nutrientes	Outras entradas	Custo total			
T1	14382.5	52000	66382.5	147510	81127.5	1.222: 1
T2	45691.25	52000	97691.25	207000	109308.8	1.119: 1
T3	31191.25	52000	83191.25	176670	93478.75	1.124: 1
T4	26191.25	52000	78191.25	172620	94428.75	1.208: 1
T5	58191.25	52000	110191.25	229950	119758.8	1.087: 1
T6	53191.25	52000	105191.25	271890	166698.8	1.585: 1
T7	38691.25	52000	90691.25	207720	117028.8	1.290: 1
T8	65691.25	52000	117691.25	275670	157978.8	1.342: 1

RESUMO E CONCLUSÕES

O presente estudo, intitulado **"Estudos sobre o desempenho e o potencial económico da gestão integrada de nutrientes no rendimento e nos atributos de qualidade da batata** *(Solanum tuberosum* **L.)"**, foi realizado em condições de campo durante o ano de 2015-16 na Agricultural Research Farm, School of Agriculture, Lovely Professional University, Phagwara, Punjab.

Neste capítulo, é apresentado o resumo e os destaques das descobertas experimentais e, finalmente, conduzido para mostrar os resultados deste trabalho de investigação. Os resultados podem ser resumidos da seguinte forma.

Todos os tratamentos, onde foram aplicados biofertilizantes, mostraram uma melhoria significativa na emergência das plantas. Ts (50% FTR + PSB + *Azotobacter* + VAM + Bagaço de mostarda) levou um número mínimo (18,33 dias) para completar a emergência, seguido de 20 dias em T2 (50% FTR + PSB + VAM), T5 (50% FTR + PSB + VAM + Bagaço de mostarda) e T6 (50% FTR + PSB + VAM + *Azotobacter*).

5.1. O crescimento percentual geral foi relatado como sendo mais alto (78,21%) em Ts (50% RDF + PSB + *Azotobacter* + VAM + Bagaço de mostarda) seguido por 75,85% em T6 (50% RDF + PSB + VAM + *Azotobacter)* e 74,06 % em T2 (50% RDF + PSB + VAM).

5.2. O número mais elevado (3,666, 5,466 e 6,333 respetivamente) de ramos (ramos primários) foi registado em T6 (50% RDF + PSB + VAM + *Azotobacter)* após 30, 45 e 60 dias de emergência.

1. O maior LAI (7,06) foi registado em T6 (50% RDF + PSB + VAM + *Azotobacter)* seguido de 7,04 em Ts (50% RDF + PSB + *Azotobacter* + VAM + Bagaço de mostarda), 6,31 em T7 (50% RDF + PSB + *Azotobacter* + *Bagaço* de mostarda).

2. O teor de clorofila total foi significativamente maior (20,951 mg/ml) em Ts, seguido por T6 (17,92 mg/ml), T2 (15,57 mg/ml) e T7 (12,89).

3. Os teores de azoto, fósforo e potássio não são significativos devido à aplicação de biofertilizantes.

4. O pH mais baixo do solo (7,56) foi registado em T7 (50% FTR + PSB+ *Azotobacter+* Bagaço de mostarda) seguido de 7,70 em Ts (50% FTR + PSB+ *Azotobacter+* VAM+ Bagaço de mostarda).

5. A matéria orgânica do solo foi significativamente melhorada devido à aplicação de VAM, PSB, *Azotobacter* ou bolo de mostarda em combinação com 50% NPK de RDF e a matéria orgânica mais elevada (0,552) foi registada em Ts (50% RDF + PSB + *Azotobacter* + VAM + Bolo de mostarda).

6. O azoto disponível mais elevado foi registado em Ts (76,83 kg/ha), o fósforo disponível mais elevado (77,57 kg/ha) foi registado em T2 (50% FTR + PSB+ VAM) e o valor mais elevado de K disponível (202,03 kg/ha) foi registado em T6 (50% FTR + PSB+ VAM + *Azotobacter)*.

7. Ts (50% FTR + PSB + *Azotobacter* + VAM + Bagaço de mostarda) resultou no maior índice de colheita (0,S2S), seguido de 0,7S7 em T5 (50% FTR + PSB + VAM + Bagaço de mostarda) e 0,775 em T6 (50% FTR + PSB + VAM + *Azotobacter)*.

S . O rendimento fresco mais elevado (6S.S5 kg/parcela e 33,05 toneladas/ha) e o rendimento comercializável (63,S2 kg/parcela e 30,63 toneladas/ha) foram registados em Ts (50% FTR + PSB+ *Azotobacter+* VAM+ Bagaço de mostarda), que foi igual a T6 (67,3S kg/parcela e 32,34 toneladas/ha como rendimento fresco, enquanto 62,95 kg/parcela e 30,21 toneladas/ha como rendimento comercializável).

9. O valor mais baixo (36 ppm) de nitrato foi registado em Ts (50% FTR + PSB+ *Azotobacter+* VAM+ Bagaço de mostarda) seguido de 37 ppm em T6 (50% FTR + PSB+ VAM +

Azotobacter) e 41 ppm em T5 (50% FTR + PSB+ VAM+ Bagaço de mostarda).

10. O nível mais elevado de K (39,1 Mg/g e 23,6 Mg/g) foi registado na pele e na polpa de Ts (50% FTR + PSB+ *Azotobacter*+ VAM+ Bagaço de mostarda) e T5 (50% FTR + PSB+ VAM+ Bagaço de mostarda), respetivamente.

11. O cálcio máximo (2,39 e 0,32 Mg/g) foi determinado na pele e na polpa de Ts (50% FTR + PSB+ *Azotobacter*+ VAM+ Bagaço de mostarda).

12. O custo mais elevado de cultivo (Rs 117691.25) foi registado em Ts seguido de Rs 110191.25 em T5 e Rs 105191.25 em T6 em comparação com outros tratamentos.

13. Todos os tratamentos (T2 a Ts) resultaram em rendimentos mais elevados em comparação com o controlo (Ti). O rendimento bruto mais elevado (Rs 275670) foi registado em Ts (50% RDF + PSB+ *Azotobacter*+ VAM+ Bolo de mostarda) e o rendimento líquido (Rs 16669S.S) foi registado em T6.

14. O rácio B: C mais elevado (1,585:1) foi registado em T6 (50% FTR + PSB+ VAM + *Azotobacter)* seguido de 1,342:1 em Ts (50% FTR + PSB+ *Azotobacter*+ VAM+ Bagaço de mostarda) e 1,290:1 em T7 (50% FTR + PSB+ *Azotobacter*+ Bagaço de mostarda) em comparação com 1,222:1 em Ti (100% FTR (Dose recomendada de fertilizantes).

Assim, com base nos resultados obtidos durante a investigação, pode concluir-se que -A adição de Azotobacter, PSB e VAM é uma opção económica para a cultura da batata.

-Os tratamentos que foram considerados melhores com base no rendimento e na influência relacionada com o solo são: T6 (50% RDF + PSB+ VAM + *Azotobacter),* Ts (50% RDF + PSB+ *Azotobacter*+ VAM+ Bagaço de mostarda), T5 (50% RDF + PSB+ VAM+ Bagaço de mostarda), T7 (50% RDF + PSB+ *Azotobacter*+ Bagaço de mostarda) e T2 (50% RDF + PSB+ VAM).

REFERÊNCIAS

Akhtar, M., & Alam, M. M. (1991). Controlo integrado de nemátodos parasitas de plantas na batata com alterações orgânicas, nematicida e culturas mistas com mostarda. *Nematologia Mediterranea, 19*(2), 169-171.

Ansari, A. A. (2008). Efeito do vermicomposto e da vermicolagem na produtividade de espinafres (Spinacia oleracea), cebola (Allium cepa) e batata (Solanum tuberosum). *Revista Mundial de Ciências Agrícolas, 4*(5), 554-557.

Bhattacharyya, P, RK Jain e MK Paliwal. 2000. Biofertilizantes para produtos hortícolas. *Indian Hort.* 44(2): 12-13.

Brady N. 1974 The nature and properties of soils. Macmillan Publishing Co Inc Nova Iorque.

Breimer, T. (1982). Factores ambientais e medidas culturais que afectam o teor de nitratos nos espinafres. *Fertilizer research,* **5(3)**, 191-292.

Byrne, C., Maher, M. J., Hennerty, M. J., Mahon, M. J., & Walshe, P. A. (2001). *Reducing the nitrate content of protected lettuce* (Vol. 23). Centro de Investigação Kinsealy.

Carter, J. N., e Bosma, S.M. (1974). Effect of fertilizer and Irrigation on Nitrate-Nitrogen and Total Nitrogen in Potato Tubers. Agronomy Journal, 66:263-266.

Cash, D., Funston, R., King, M., & Wichman, D. (2002). Nitrate toxicity of Montana forages. *Serviço de Extensão da Universidade Estadual de Montana. MontGuide, 200205.*

Coleman, D. C.. C P Reid. And C.Cole 1983 Biological strategies of nutrient cycling in soil systems Adv. Eco Res 13 1-55.

Declerck S, Plenchette C, Strullu DG (1995) Mycorrhizal dependency of banana *(Musa acuminata,* AA group) cultivar. Plant Soil 176:183-187.

Döbereiner J (1997). Biological nitrogen fixation in the tropics: social and economic contributions. Soil Biol. Biochem. 29:771-774.

Duxbury, J M, M S. Smith, and J W Doran 1989 Soil organic matter as source and a sink of plant nutrients in Dynamics of Soil Organic Matter in Tropical Ecosystems pp 33-68 Univ of Hawaii Press Honolulu.

Dyson, P. W., & Watson, D. J. (1971). An analysis of the effects of nutrient supply on the growth of potato crops. *Annals of Applied Biology, 69(1),* 47-63.

Ewing EE (1995). O papel das hormonas na tuberização da batata *(Solanum tuberosum* L.). In: Davies PJ (ed) Plant hormones: physiology, biochemistry and molecular biology. Kluwer, Dordrecht, pp 698-724.

Gerber P, Chilonda P, Franceschini G, Menzi H (2005). Determinantes geográficos e implicações ambientais da intensificação da produção pecuária na Ásia. Bioresour. Technol. 96:263-276.

Ghost BC, Bhat R (1998). Riscos ambientais da carga de azoto em campos de arroz em zonas húmidas. Environment Pollution **102**:123-126.

Graham SO, Green NE, Hendrix JW (1976). A influência dos fungos micorrízicos vesículo-arbusculares no crescimento e tuberização da batata. Mycologia 68:925-929.

Grewal, J.S., R.C. Sharma e S.S. Saini. 1992. Agrotechniques for Intensive Potato Cultivation in India (Agrotécnicas para o cultivo intensivo de batata na Índia). Conselho Indiano de

Investigação Agrícola, Nova Deli.

Harris, G. D., Platt, W. L., & Price, B. C. (1990). Vermicompostagem numa comunidade rural. *Biocyclefragariae.* Plant Soil 185:191-198.

Herlihy, M. (1989, junho). Efeito do potássio na acumulação de açúcar no tecido de armazenamento. In *Proceedings of the IPI 21*[st] *Colloquium on: Methods of K Research in Plants, realizado em Louvain-la-Neuve, Bélgica* (pp. 19-21).

Hussain, A., Sarfraz, M., Arshad, M., & Javed, M. (1993). POTENCIAL DO AZOTOBACTER PARA PROMOVER O CRESCIMENTO E O CAMPO DA BATATA SOB APLICAÇÃO ÓTIMA DE FERTILIZANTES. *Pak. J. Agri. sa; Vol, 30*(2).

Imas, P., & Bansal, S. K. (1999, dezembro). Potássio e gestão integrada de nutrientes na batata. Em *conferência global sobre batata* (Vol. 611).

Islam, M. M., Karim, A. J. M.S Jahiruddin, M., Majid, N. M., Miah, M. G., Ahmed, M. M., & Hakim, M. A. (2011). Efeitos de adubo orgânico e fertilizantes químicos em culturas no padrão de cultivo de amaranto de caule rabanete-espinafre indiano em área de herdade. *Australian Journal of Crop Science,* **5(11)**, 1370.

Jatav, M. K., Manoj Kumar, S. P. Trehan, V. K. Dua, e Sushil Kumar. "Efeito do azoto e das variedades de batata no rendimento e na eficiência agronómica da utilização de N nas planícies do Noroeste da Índia." *Potato Journal* 40, no. 1 (2013).

Kang, B. K. (2004). Efeitos do vermicomposto no crescimento da batata cultivada no outono em solo de cinzas vulcânicas. *Jornal Coreano de Ciência das Culturas, 49*(4), 305-308.

Kennedy IR, Tchan YT (1992). Biological nitrogen fixation in nonleguminous field crops: recent advances (Fixação biológica de azoto em culturas não leguminosas: avanços recentes). Plant Soil 141:93-118.

Khan, M. S., Shil, N. C., & Noor, S. (2008). Integrated nutrient management for sustainable yield of major vegetable crops in Bangladesh (Gestão integrada dos nutrientes para um rendimento sustentável das principais culturas hortícolas no Bangladesh). *Bangladesh J Agric Environ, 4,* 81-94.

Krishnamoorthy, R. V., & Vajranabhaiah, S. N. (1986). Atividade biológica de moldes de minhoca: uma avaliação dos níveis de promotor de crescimento de plantas nos moldes. *Proceedings: Animal Sciences, 95*(3), 341-351.

Kumar, V., Jaiswal, R. C., Singh, A. P., Kumar, V., Khuranas, M. P., & Panday, S. K. (2001). Efeito de biofertilizantes no crescimento e rendimento da batata.

Kushwah, V. S., Singh, S. P., & Lal, S. S. (2005). Effect of manures and fertilizers on potato *(Solanum tuberosum)* production. *Potato Journal, 32***(3-4)**.

Leszczynski, W., & Lisinska, G. (1988). Influência da fertilização com azoto na composição química dos tubérculos de batata. *Química alimentar, 28(1),* 45-52.

Lone, R., Shuab, R., Sharma, V., Kumar, V., Mir, R., & Koul, K. K. (2015). Efeito dos fungos micorrízicos arbusculares no crescimento e desenvolvimento da planta de batata (Solanum tuberosum). *Asian J. Crop Sci, 7,* 233-243.

M.I. Farag Jr, M. Aly Abdalla, M.F. Mohamed e M.H. Aboul-Nasr. (2004-2006). Efeito da biofertilização no rendimento e na qualidade de algumas cultivares de batata *(Solanum Tuberosum L.).* Jornal Internacional de Agricultura e Ciência e Tecnologia Alimentar. ISSN 22493050, Volume 4, Número 7 (2013), pp. 695-702.

Mark GL, Cassells AC (1996). Dependência genotípica na interação entre *Glomus fistulosum, Phytophthora fragariae* e o morango silvestre *(Fragaria vesca)*. Plant Soil 185:233-239.

Marschner, H. (2011). *Marschner's mineral nutrition of higher plants (Nutrição mineral de plantas superiores de Marschner)*. Imprensa académica.

Mc Gregor I (2007). O mercado da batata fresca: Vreugdenhil, D. (Ed.), Potato Biology and Biotechnology. Elsevier, Amesterdão pp.3-36. Mitsch.

McArthur, D. A., & Knowles, N. R. (1993). Influência dos fungos micorrízicos vesículo-arbusculares na resposta da batata à deficiência de fósforo. *Plant physiology, 101(1),* 147-160.

Meena, L. R., & Gupta, M. L. (1996). Adubo orgânico e gestão do azoto na batata em solos pesados do sul do Rajastão. *J. Indian Potato Assoc, 23,* 166-167.

Mengel, K. (1997). Impacto do potássio no rendimento e na qualidade das culturas em relação aos aspectos económicos e ecológicos. In: *Food security in the WANA region, the essential need for balanced fertilization* (pp. 157-174). Instituto Internacional de Potássio, Basileia, Suíça.

Mitsch WJ, Day JW (2006). Restauração de zonas húmidas na bacia do rio Mississipi-Ohio-Missouri (MOM): experiência e investigação necessária. Ecol. Eng. 26:55-69.

Mohammadi, G. R., Ajirloo, A. R., Ghobadi, M. E., & Najaphy, A. (2013). Efeitos de fertilizantes não químicos e químicos na produção e qualidade da batata (Solanum tuberosum L.). *Journal of Medicinal Plants Research, 7*(1), 36-42.

Nandekar, D.N., Sawarkar, S.D. and Naidu, A.K. (2006).Effect of biofertilizers and NPK on growth and yield of potato in Satpura plateau.Potato J.33(3-4):168- 69.

Narayan, S., Kanth, R. H., Narayan, R., Khan, F. A., Singh, P., & Rehman, S. U. (2013). Efeito das práticas integradas de gestão de nutrientes no rendimento da batata. *Potato Journal, 40*(1).

Narula, N., Kumar, V., Behl, R. K., Deubel, A., Gransee, A., & Merbach, W. (2000). Effect of P-solubilizing Azotobacter chroococcum on N, P, K uptake in P-responsive wheat genotypes grown under greenhouse conditions. *Journal of Plant Nutrition and Soil Science, 163(4),* 393-398.

Niemira BA, Safir GR, Hammerschmidt R, George WB (1995) Produção de minitubérculos pré-nucleares de batata com inóculo de fungos micorrízicos arbusculares à base de turfa. Agron J 87:942-946.

Norman JR, Atkinson D, Hooker JE (1996). Alteração da arquitetura radicular do morangueiro induzida por fungos micorrízicos arbusculares e resistência induzida ao agente patogénico *Phytophthora*

Nyiraneza, J., & Snapp, S. (2007). Gestão integrada de azoto inorgânico e orgânico e eficiência em sistemas de batata. *Soil Science Society of America Journal, 71*(5), 15081515.

Panique, E., Kelling, K. A., Schulte, E. E., Hero, D. E., Stevenson, W. R., & James, R. V. (1997). Efeitos da taxa e da fonte de potássio na produção de batata, qualidade e interação com doenças. *American Potato Journal, 74*(6), 379-398.

Parente, A., Gonnella, M., Santamaria, P., L'Abbate, P., Conversa, G., & Elia, A. (2004, junho). Fertilização com azoto de novas cultivares de alface. In *International Symposium Towards Ecologically Sound Fertilisation Strategies for Field Vegetable Production 700* (pp. 137-140).

Parmar, D. K., Sharma, A., Chaddha, S., Sharma, V., Vermani, A., Mishra, A., ... & Kumar, V. (2007). Aumento da produtividade e rentabilidade da batata através de um sistema integrado de nutrientes para plantas no noroeste dos Himalaias. *Potato Journal, 34*(3-4).

Perrenoud, S.(1983). Fertilização para a produção de batata de alto rendimento. *IPIBulletin,* (8).

Perucci, P. (1990). Efeito da adição de composto de resíduos sólidos urbanos na biomassa microbiana e nas actividades enzimáticas do solo. *Biology and Fertility of Soils, 10(3),* 221-226.

Reis MV, Olivares FL, Döbereiner J (1994). Metodologia melhorada para o isolamento de *Acetobacter diazotrophicus* e confirmação do seu habitat endofítico. World J. Microbiol. Biotech. 10:101-105.

S.N.Dash e R.C. Jena (2015). OPÇÕES DE BIOFERTILIZANTES NA GESTÃO DE NUTRIENTES DA BATATA. Volume: 4 | Edição: 1 | janeiro de 2015 - ISSN No 2277 8179.

Sahu, S. N., & Jana, B. B. (2000). Aumento do valor fertilizante do fosfato de rocha projetado através de bactérias solubilizadoras de fosfato. *Ecological Engineering, 15*(1), 2739.

Satyanarayana, V., & Arora, P. N.(1985). Efeito do azoto e do potássio no rendimento e nos atributos de rendimento da batata (var. Kufri Bahar). *Jornal indiano de agronomia.*

Shahbazie, M. (2005). Efeitos de diferentes níveis de azoto no rendimento e na acumulação de nitratos em quatro cultivares de alface. *Tese de mestrado, Departamento de Horticultura, Secção de Ciência e Investigação, Universidade Islâmica Azad, Teerão, Irão,* 99.

Sharma, R. C., & Sud, K. C. (1981). Azoto do solo oxidável por dicromato de potássio como índice químico de disponibilidade para a batata. *Journal of the Indian Society of Soil Science, 29(4),* 473-476.

Sharma, R.C. e N.C. Upadhayay. 1994. Nutrição nitrogenada da batata. In: Advances in Horticulture Vol. 7 Potato (K.L. Chadha e J.S. Grewal, Eds.), pp. 231-50. Malhotra Publishing House, Nova Deli, Índia.

Sidorenko, 0, V Storozhenko e Kukharenkova. 1996. Utilização de preparados bacterianos na cultura da batata. *Mezhdunarodngi-sel. Skokhozyaistvennyi Zhuranal* 6: 36-38.

Singh SK, Singh PK, Dwivedi SV, Elephant Foot Yam (*Amorphophallus*)-An Efficient Intercrop under Indian Goose Berry *(Phylanthus emblica)* Orchard for Purvanchal, Trends in Biosciences, 7(14), 2014, 1778-1780.

Singh SK, Singh PK, Intercropping elephant foot yam is an economic cultivation practice for Indian goose berry (*Phylanthus emblica*) orchard management, New Agriculturist, **26**(2), 2015, 357-363.

Singh, J. P., & Trehan, S. P. (1997, dezembro). Fertilização equilibrada para aumentar o rendimento da batata. Em *Proceedings of the IPI-PRI-PAU workshop on "Balanced Fertilization in Punjab Agriculture" held at PAU, Ludhiana, India* (pp. 129-139).

Singh, S. K., & Lal, S. S. (2006, outubro). Efeito de fontes orgânicas de nutrientes na produção de batata no sul de Bihar. No *Simpósio Nacional sobre Agricultura de Conservação e Meio Ambiente, BHU, Varanasi, Índia* (pp. 26-28).

Singh, S. K., & Sharma, R. C. (2004). Gestão integrada de nutrientes na sequência de culturas de batata (Solarium tuberosum)-vegetais em condições de sequeiro nas zonas montanhosas de Meghalaya. *Indian Journal of Agronomy, 49*(4), 282-284.

Singh, S.K, Sharma, M. e Singh, P.K.(2016);Abordagem combinada de consórcio e INM para melhorar a disponibilidade de nutrientes no solo e nas folhas das árvores de fruto. Jornal de Ciências Químicas e Farmacêuticas, 9(2).

Sood, M. C., & Sharma, R. C. (2001). Valor das bactérias promotoras de crescimento, vermicomposto e Azotobacter na produção de batata nas colinas de Shimla. *J. Indian Potato Assoc, 28(1),* 52-53.

Tittonell, P., De Grazia, J., & Chiesa, A. (2000, março). Effect of nitrogen fertilization and plant population during growth on lettuce (Lactuca sativa L.) postharvest quality. In *IV International Conference on Postharvest Science 553* (pp. 67-68).

Tyagi, P. K., Hooda, M. S., & Singh, R(1999). Biofertilizante num sistema integrado de nutrição vegetal. *Indian Farmers Times, 17*(6). 13.

Van Gijssel, J. (2005). O potencial da batata como alimento de conveniência atrativo: foco na qualidade do produto e no valor nutricional. *Potato in progress. A ciência encontra a prática*, 27-32.

Vosatka, M., & Gryndler, M. (1999). O tratamento com fracções de cultura de Pseudomonas putida modifica o desenvolvimento da micorriza Glomus fistulosum e a resposta das plantas de batata e milho à inoculação. *Applied Soil Ecology, 11*(2), 245-251.

Yao, M., Tweddell, R., & Desilets, H. (2002). Efeito de dois fungos micorrízicos vesículo-arbusculares no crescimento de plântulas de batata micropropagadas e na extensão da doença causada por Rhizoctonia solani. *Mycorrhiza, 12*(5), 235-242.

Yoon, O S, B J Lee, and B S. Yoon 2001 The effects of sludge Vermicompost on growth and yields of crops (Chinese cabbage) and soil fertility. J. Kor Solid Waste. Engi Soci. 18(5) 427-433.

Zewide, Israel, Mohammed Ali e Tulu Solomon. (2012).Efeito de diferentes taxas de nitrogênio e fósforo nos componentes de rendimento da batata no distrito de Masha, sudoeste da Etiópia. Revista Internacional de Ciência do Solo, 7:146-156.

Printed by Books on Demand GmbH, Norderstedt / Germany